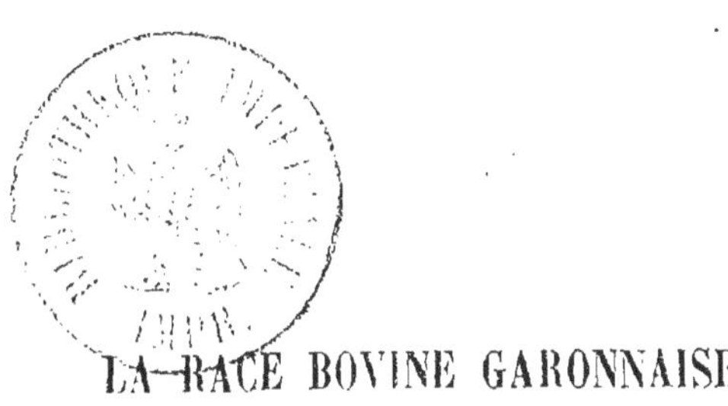

LA RACE BOVINE GARONNAISE

LA
RACE BOVINE
GARONNAISE

PAR

J.-B. GOUX

VÉTÉRINAIRE DU DÉPARTEMENT DE LOT-ET-GARONNE

SECRÉTAIRE DU COMICE AGRICOLE D'AGEN

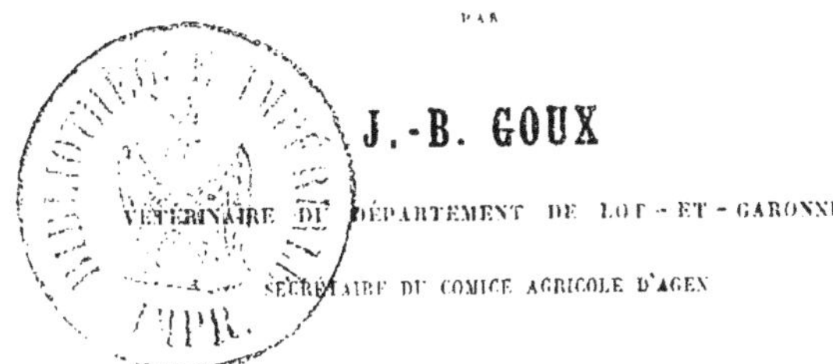

2me ÉDITION

PARIS

LIBRAIRIE AGRICOLE DE LA MAISON RUSTIQUE

26, RUE JACOB, 26

—

1865

LA RACE BOVINE GARONNAISE.[1]

I

§ Ier. — **Documents bibliographiques.** — Dans un ouvrage dû à la plume d'un des plus savants agronomes dont la France s'honore, M. de Gasparin, se trouvent les lignes suivantes :

« Les bords de la Garonne sont peuplés de bœufs qui font l'envie des étrangers, et ont souvent été, de la part des Anglais, l'objet d'une importation faite dans le but d'améliorer leurs propres races.[2] »

La constatation de ce fait n'est pas suivie d'indications relatives aux résultats de l'introduction, en Angleterre, de bestiaux garonnais. Il serait intéressant de connaitre l'influence de cette mesure, opérée par les Anglais dans une pensée d'amélioration. Quoi qu'il en soit, l'important est de savoir que les qualités du bétail produit par la vallée de la Garonne les aient frappés assez pour les déterminer à les introduire dans un pays déjà si riche en races remarquables.

---

[1] Nous publions sous ce titre : *La Race Bovine Garonnaise*, un travail que la Société impériale et centrale d'agriculture de France a honoré d'une médaille d'or en 1854, et, inséré, la même année, dans le recueil de ses Mémoires. Depuis cette époque, dix ans se sont écoulés. Des observations nouvelles ont forcé l'auteur à remanier son œuvre, de sorte que nous imprimons un Traité refait. Nous pensons que l'on ne lira pas sans plaisir ni profit la monographie d'une famille bovine nourrie par la vieille Aquitaine, et constituant une des sources vives de sa richesse agricole.

Le Moniteur a publié en 1864 une circulaire adressée aux inspecteurs généraux de l'agriculture, et dans laquelle le Ministre demande à ces fonctionnaires de recueillir les éléments d'une histoire générale de nos diverses races d'animaux domestiques, et particulièrement des races bovines. Le travail de M. Goux, fruit de vingt ans de recherches, nous semble appelé à fournir à cette histoire d'excellents et nombreux matériaux.

(Note de l'Éditeur.)

[2] *Guide du Propriétaire de biens ruraux affermés*, page 289.

Ces importations ont été effectuées pendant dix ans, de 1816 à 1826. Des Anglais de Londres et des Irlandais, avec lesquels des maisons de Bordeaux entretenaient des relations d'intérêts, demandaient fréquemment des reproducteurs mâles et femelles de la race garonnaise. La vérité de ce fait a été constatée sur le relevé des douanes de cette époque.

A part M. de Gasparin, divers auteurs ont parlé de la race garonnaise, ou en ont fait des descriptions plus ou moins étendues, notamment M. de Dampierre, dans le *Journal d'Agriculture pratique*,[1] et dans un ouvrage estimé;[2] M. Sanson, dans *le Livre de la Ferme*;[3] M. Gayot, dans *la Connaissance générale du Bœuf*;[4] M. Petit-Laffitte, dans ses *Notions de Zoologie rurale applicables au département de la Gironde*.[5]

Les Actes de l'*Académie des belles-lettres, sciences et arts de Bordeaux* ont publié, en 1847 et en 1853, deux Mémoires couronnés, sur les races bovines du département de la Gironde. L'auteur de ces excellents travaux, M. Dupont, s'est naturellement occupé de la race garonnaise qui tient une place fort importante parmi les familles bovines de ce département. Il en parle, dans le plus récent écrit surtout, avec une incontestable autorité. Les recherches basées sur la connaissance des lieux et la parfaite intelligence des faits observés peuvent seules revêtir ce caractère.

Un homme connu dans la presse et dans l'enseignement agricoles, M. Martegoutte, a souvent été délégué, par la Société d'agriculture de Toulouse, pour des achats de taureaux dans l'Agenais. Ayant pu, en raison de ses voyages, faire un examen comparatif de diverses races, il a écrit qu'il n'est point de bétail plus remarquable dans aucune province de France;[6] que la race garonnaise est la plus belle des races du Midi et la plus grande des races de travail de l'Europe.[7]

---

[1] *Journal d'Agriculture pratique*, 3ᵉ série, tome III, page 76.

[2] *Races bovines de France, d'Angleterre, de Suisse et de Hollande*, p. 123. — [3] *Cinquième fascicule*, p. 682. — [4] Page 208. — [5] Page 109.

[6] *Journal d'Agriculture pratique*, 2ᵉ série, tome V, page 452.

[7] *Observations sur le croisement et l'appareillement des bêtes bovines*, page 8.

D'après divers voyageurs qui ont visité le bassin de la Garonne, entre autres, Young et Lullin de Château-Vieux, M. Jung, auteur de la partie agricole, dans l'ouvrage intitulé *Patria*, signale l'Agenais comme nourrissant une des plus belles races de bœufs qui soient en France.[1]

Les premières descriptions de ce bétail sont dues à Lafore, professeur à l'Ecole vétérinaire de Toulouse et, après lui, à M. Bareyre. Lafore en a reproduit les caractères dans presque tous ses ouvrages, notamment dans le *Traité des maladies particulières aux grands ruminants* et dans une brochure sur l'*Amélioration de l'espèce bovine dans le département de la Haute-Garonne*, dont la publication remonte à 1838. M. Bareyre en a fait une étude spéciale dans sa *Statistique bovine de Lot-et-Garonne*., publiée en 1844. J'en ai fait moi-même le sujet d'un Traité qui a été inséré, en 1854, dans les *Mémoires de la Société impériale d'agriculture de France*.

Dans certains ouvrages qui font autorité, on trouve assez habituellement confondues sous le nom de *race gasconne* plusieurs races du sud-ouest, y compris la race si caractéristique et si distincte de la Garonne. Une pareille confusion ne saurait résister à l'active et fructueuse publicité des concours régionaux. Déjà cette erreur a été corrigée dans la dernière édition d'un livre justement recommandable de M. Villeroy, le *Manuel de l'éleveur de bêtes à cornes*.

Des recherches précieuses ont d'ailleurs, jusqu'à présent, jeté un grand jour sur cette intéressante question des familles bovines françaises. Les excellents travaux de Grognier sur la race de *Salers*,[2] de M. Delafond sur la race *charolaise*,[3] de M. Lefour, sur la race *flamande*,[4] etc., ont ouvert la voie. Il est à désirer que des recherches analogues, inspirées par de tels exemples, soient faites pour toutes les races classées dans les programmes des concours régionaux et généraux. Sous l'influence de cette pensée, nous avons entrepris la monographie de la race bovine

---

[1] *Patria*, page 611. — [2] *Recherches sur le bétail de la Haute-Auvergne et en particulier sur la race de Salers.*

[3] *Progrès agricoles et améliorations du bétail dans la Nièvre.*

[4] *Description de la race flamande.*

garonnaise. La réputation dont elle jouit dans le sud-ouest de la France, le commerce dont elle est l'objet, la distinction avec laquelle elle s'est produite aux concours régionaux de Bordeaux, de Toulouse, d'Agen, de Périgueux, de Poissy, etc., où il a été, dans ces derniers temps, souvent question de ses qualités, nous ont semblé de nature à justifier cette entreprise.

§ II. — **Contrée habitée par la race garonnaise.** — Cette race est élevée dans la partie des anciennes provinces de l'Agenais et de la Guienne que traverse la Garonne ; elle appartient et elle est rattachée par Lafore[1] à cette classe de bestiaux désignés par les Allemands sous le nom de *bestiaux des plaines*, et tient le milieu entre les races connues des engraisseurs sous les dénominations, un peu vieillies et inexactes d'ailleurs, de *races de haut crû* et *races de nature*, expressions qui correspondent à celle-ci : *races de travail* et *races de production*.

Produite dans toute sa pureté sur les rives de la Garonne et du Lot, surtout dans les plaines fertiles qui avoisinent le confluent de ces rivières, depuis Villeneuve jusqu'à La Réole, la race garonnaise s'étend en rayonnant de ce point central. D'un côté, elle remonte le fleuve jusque dans le Tarn-et-Garonne, où elle est très-répandue ; de l'autre, elle suit le cours de la Garonne, jusqu'aux environs de Bordeaux, dans le Médoc, peuple les bords du Drot, et pousse ses ramifications dans divers points de la Gironde et de la Dordogne. Elle a, néanmoins, son berceau et son type sur le point que nous venons d'indiquer, car plus elle s'en éloigne, plus l'individualité caractéristique de la race s'affaiblit.

Une particularité à l'appui de ce fait s'est présentée au Concours régional d'Agen en 1853 et en 1863. Les taureaux primés et mentionnés honorablement dans la race garonnaise, appartenaient presque tous à l'arrondissement de Marmande. Cette partie du département de Lot-et-Garonne est, en effet, celle qui élève cette race dans sa plus grande pureté ; aussi a-t-elle le privilége de fournir des reproducteurs mâles non-seulement aux

---

[1] *Traité des Maladies particulières aux grands ruminants*, page 79.

autres points du Lot-et-Garonne, mais encore aux départements voisins. Chaque année, il en est importé plusieurs dans la Haute-Garonne, dans la Dordogne, dans la Haute-Vienne et du côté de Montauban, pour le compte soit des comices, soit des particuliers.

§ III. — **Topographie.** — La vallée de la Garonne et les vallées secondaires du Tarn, du Lot, du Drot, de la Dordogne, du Gers et de la Baïse, dont les embranchements coupent le pays à droite et à gauche, suivent l'inclinaison générale du cours du fleuve, c'est-à-dire du sud-est au nord-ouest. Leur situation géographique est entre le 44e et le 45e degré de latitude septentrionale, et entre le 1er et le 3e degré de longitude à l'ouest du méridien de Paris. L'ensemble de ces vallées, dans leurs parties habitées par la race garonnaise, s'étend sur quatre départements : le Tarn-et-Garonne, le Lot-et-Garonne, la Gironde, la Dordogne, et offre, dans la direction du sud-est au nord-ouest, un développement d'environ 200 kilomètres de longueur ; la plus grande largeur du nord-est au sud-ouest ne dépasse pas 100 kilomètres. La superficie est approximativement de 1,700,000 hectares.

§ IV. — **Aspect général.** — Les vallées n'ont pas une grande largeur. Celle de la Garonne, la plus large de toutes, mesure 6 à 7 kilomètres, en moyenne, dans ce sens. Les coteaux qui les divisent, généralement arrondis en mamelons, ont peu d'élévation. Les plus élevés séparent la vallée de la Garonne de celles du Lot et du Drot. Les points culminants ne dépassent pas 210 mètres. La fécondité des plaines de la Garonne, du Lot, de la Dordogne, la végétation vigoureuse qui borde les rives de ces cours d'eau, la verdure uniforme de vignes et d'arbres fruitiers qui couvrent les collines bordant ces plaines, les maisons de campagne qui en ornent le penchant, tout ce tableau présente un tel spectacle, qu'un voyageur a pu, sans trop d'exagération, nommer cette contrée la Lombardie de la France.

§ V. — **Sol.** — Formé de couches alluviales, souvent d'une grande profondeur, le sol est presque partout constitué par un mélange, en proportions variables, d'argile et de sable au grain plus ou moins grossier, auxquels se sont ajoutés du calcaire et de l'humus. On y retrouve, d'ailleurs, toutes les substances entrant dans la composition des roches de nature diverse, dont les strates superposées forment les collines, et qui, continuellement décomposées par les agents atmosphériques, envoient leurs détritus dans les vallées. Ces roches, recouvertes de terrains ferrugineux sur certains points, alternant, sur d'autres, avec des sables, des marnes, des bancs de gryphées-virgules ou autres coquillages, sont formées tantôt d'un calcaire marin jaunâtre et grossier, tantôt d'un calcaire travertin blanc arénifère, ou jaunâtre, ou rouge, ou gris, etc. La composition du sol varie donc nécessairement beaucoup. Le meilleur, sans contredit, est celui situé au confluent du Lot et de la Garonne ; sa haute fertilité, proverbiale dans l'Agenais, tient, sans doute, au mélange de détritus plus abondants déposés à la fois par les deux rivières. Arthur Young dit que d'Agen à Bordeaux le meilleur sol qu'on rencontre dans la vallée est un *loam* friable, sablonneux et assez humide pour la production de toutes sortes de végétaux, et qu'à Tonneins le sol rougeâtre est en apparence aussi bon à 10 pieds qu'à la surface. — Une petite proportion de peroxyde de fer donne cette coloration rouge. Au-dessous de la couche de terre végétale s'étend une assise d'argile grossière exploitée pour les tuileries.

§ VI. — **Agriculture.** — L'agriculture forme l'occupation du plus grand nombre des habitants, et son but principal est la production du blé. Le blé et le vin excèdent les besoins de la consommation locale ; il s'en exporte de grandes quantités. A part ces cultures les produits du sol sont variés : la multiplicité des substances composant la couche arable explique cette variété. Le Maïs, le Tabac, le Colza, le Chanvre, le Lin, les légumes, les Pommes de terre, etc., et parmi les arbres à fruit le Prunier, contribuent à la richesse de l'Agenais. Les terres consacrées à la culture des grains pour la nourriture des animaux sont peu étendues. Il y a toujours déficit d'Avoine. Les prairies permanentes et temporaires fournissent d'ordinaire assez de produits pour suffire aux besoins de la consommation, en ce qui concerne du moins l'espèce bovine.

La culture des racines fourragères pour l'alimentation d'hiver est encore fort restreinte; mais celle des plantes légumineuses, surtout du Trèfle, se fait sur une grande échelle; on a même adopté celui-ci avec un entraînement irréfléchi. Frappés des bons résultats d'abord obtenus, les agriculteurs l'ont fait revenir trop souvent sur le même terrain, et ils n'ont pas tardé à reconnaître que ce fourrage ne réussissait plus. La faute commise a pour cause l'ignorance de la plupart des cultivateurs touchant la théorie des assolements. L'assolement en faveur est de ramener le Blé le plus possible, c'est-à-dire tous les deux ans, sur la même sole. Du maïs dans les bons fonds, des légumes ou du Trèfle occupent l'année intermédiaire. Autrefois, la jachère intervenait comme une nécessité absolue. Les prairies artificielles l'ont remplacée, mais, généralement, on ne les a pas réparties avec mesure. Les agriculteurs plus avisés divisent la surface emblavée en plusieurs parties égales sur lesquelles ils placent différentes cultures, et ne sèment en Trèfle qu'un sixième ou un septième. De la sorte, cette plante revient à des distances convenables, sur la place déjà occupée par elle.

Sur les points les plus riches des rives de la Garonne, l'assolement biennal suivant, Chanvre et Tabac ou Tabac et Froment, est employé sans aucune interruption; aucune autre combinaison de culture ne pourrait lui être substituée sans perte. Les débordements d'hiver du fleuve entretiennent la fécondité du sol; les colons, à leur tour, secondent l'action fécondante des eaux. Les revenus qu'ils obtiennent de leurs champs peuvent seuls expliquer leurs soins et leurs dépenses pour les protéger, par de hautes levées de terre, contre les inondations du printemps, et pour en augmenter encore la fertilité par les engrais de toute nature dont ils les couvrent. Ces engrais consistent en tourteaux de Colza ou de Lin réduits en poudre, et en plantes vertes enfouies avec du fumier.

L'agriculture du bassin de la Garonne a progressé depuis trente ans. Les propriétés s'étant divisées, on a obtenu davantage de la terre par un travail plus soigné; des friches ont été livrées à la culture, les prairies artificielles se sont généralisées et quelques instruments commodes sont venus faciliter le labeur.

Mais d'évidentes lacunes existent encore; on ne sait pas soigner les engrais. L'incurie qui préside à l'aménagement des fumiers de ferme fait perdre une grande partie de leurs propriétés fertilisantes. On les jette par la fenêtre de la grange, on les laisse dispersés sur le sol, exposés à la pluie des toits qui les lave et au soleil qui les décompose. L'araire en bois ouvrant la raie en V, dont le labour, conséquemment incomplet, laisse le Chiendent végéter dans les chevets non attaqués, cède peu à peu la place à la charrue en fer, qui tranche verticalement et exige moins de tirage, puisquelle verse immédiatement la terre et ne la pousse pas, comme l'autre, à l'extrémité du sillon. Grâce aux efforts incessants des comices, les avantages de la charrue en fer sont appréciés de plus en plus. Leurs encouragements amèneront, à la longue, il faut l'espérer, les améliorations désirables.

§ VII. — **Climat.** — La vallée de la Garonne appartenant à la région du sud-ouest de la France, ses conditions météorologiques sont celles de cette région ou, en général, du climat que M. Charles Martins a nommé *Climat girondin*.[1] Les circonstances qui servent d'expression à ce climat ont pour caractère essentiel une excessive mobilité. Les variations de température, remarquables par la soudaineté des transitions, flottent entre 13, 8, degré le plus bas de l'échelle thermométrique, et 36, 4, degré le plus élevé.

Voici les températures moyennes, d'après les données fournies à M. Martins par M. Bartayrès, alors secrétaire de la Société d'agriculture, sciences et arts d'Agen :

Pour l'hiver......... 6, 20
Pour le printemps.... 13, 71
Pour l'été.......... 22, 12
Pour l'automne....... 12, 38

Le nombre moyen des jours de gelée est moitié moindre qu'à

---

[1] *Patria*, p. 250.

Paris, c'est-à-dire vingt-huit. Les jours de pluie sont évalués à cent trente par an, fournissant une hauteur d'eau de 586 millimètres. Sous le rapport de la quantité annuelle d'eau qui tombe par saisons, celles-ci doivent être classées d'une manière bien différente que dans le nord. Dans le nord, c'est l'été qui tient le premier rang, puis viennent, par ordre décroissant, l'automne, le printemps et l'hiver. Sous le climat girondin, cet ordre est le suivant : automne, hiver, été, printemps. Ces oppositions dans la température et dans le degré d'humidité, suivant les saisons, expliquent les différences qui se constatent dans la production des fourrages et, en général, dans toute l'agriculture.

De la Noël au 15 janvier règnent, généralement, les plus grands froids et, du 15 juillet au 15 août, les plus fortes chaleurs. Le thermomètre centigrade est descendu une seule fois à 17 degrés au-dessous de zéro, le 10 janvier 1838. M. Bartayrès n'a vu que deux fois le thermomètre marquer 40 degrés.[1] Le vent du sud apporte cette température africaine ; celui du sud-ouest amène la plupart des orages. Les vents d'est et du sud-est dominent pendant l'été et occasionnent des sécheresses persistantes, funestes aux dernières coupes des prairies artificielles.

En automne et en hiver, les vents d'ouest et de nord-ouest amènent les pluies abondantes de la saison.

Au printemps, les vents d'est et de nord sont les vents dominants. Si, par exception, le sud vient à souffler, les neiges des Pyrénées éprouvent une fonte subite, et la Garonne grossit rapidement, inondant les basses plaines. Ces débordements sont funestes aux récoltes de l'année, qu'ils avarient ou détruisent, s'ils surviennent surtout au moment où les prairies sont sur le point d'être fauchées et lors de la floraison des céréales. Mais ces désastres ont leur côté utile. Les arrosements du fleuve, bien qu'arrivant à des intervalles irréguliers, maintiennent les terres, .grâce aux alluvions qu'ils déposent, au prix moyen de 5,000 fr. l'hectare.

---

[1] *Leçons de physique et de chimie appliquées aux arts et à l'industrie,* par M. BARTAYRÈS, p. 253.

II

§ Ier. — **Circonstances favorables à la production et à l'élevage de la race garonnaise.** — En étudiant l'esprit de l'agriculture dans la vallée de la Garonne, on s'explique la supériorité de l'industrie bovine sur les autres industries animales. La population, consommant, relativement, peu de viande, recherche surtout la production en grains. De là, une préférence marquée pour la culture des céréales servant à l'alimentation de l'homme. Moins immédiatement utiles à la consommation, mais liés intimement à la culture, les animaux de l'espèce bovine, n'étant produits pour la boucherie que d'une manière indirecte, sont élevés pour le travail, et leur emploi, comme moteurs à peu près exclusifs dans les exploitations, a favorisé cette industrie. La difficulté d'employer les chevaux du Midi aux travaux agricoles, la division de la propriété foncière, le régime du métayage, les débouchés, sont autant d'éléments qui ont agi dans le même sens.

§ II. — **Inaptitude du cheval à l'agriculture.** — La théorie seule a pu admettre la possibilité de faire servir au labour le cheval du Midi. Evidemment ce cheval n'est pas propre à ce travail, il ne le sera probablement jamais, parce qu'il a trop de légèreté, trop d'irritabilité, et il sera toujours, en général, léger, irritable, d'un élevage difficile, parce que le climat le veut ainsi. Pour remplacer le bœuf par le cheval à la charrue, il faudrait acheter le cheval du Nord, gros, massif, d'humeur paisible. Mais, si le laboureur ne fabrique pas ses chevaux, il n'en usera pas. La mule, qu'il élève aisément, et qui est sobre comme le bœuf, pourrait seule, peut-être, le remplacer; mais la mule a-t-elle ces qualités que son tempérament, très-irritable aussi, lui refuse, et que le bœuf possède au suprême degré, de l'avis de toutes les grandes autorités agricoles, depuis Olivier de Serres jusqu'à M. de Gasparin : la douceur dans le caractère, l'uniformité dans le pas, la persévérance dans l'effort, l'excellence du service pour le labour en terre forte, pour le charroi en contrée montueuse?

En le faisant facile à élever, obéissant, sobre, relativement au cheval, la nature semble l'avoir formé tout exprès pour un service auquel le cheval, produit par l'agriculture méridionale, est impropre. — Nous avons dit que le bétail à grosses cornes était le moteur à peu près exclusif de l'agriculture dans la vallée de la Garonne ; il ne faudrait pas, en effet, tenir un trop grand compte des ânes labourant chez les propriétaires pauvres, lesquels n'ambitionnent rien tant, d'ailleurs, que de les remplacer par des vaches quand ils le peuvent.

§ III. — **Division des propriétés.** — La propriété est très-morcelée dans le bassin de la Garonne. L'étendue des terres composant une exploitation varie de 12 à 25 hectares. On connait la cause première de cette division des biens ; c'est une des œuvres les plus considérables de la révolution. Des économistes en ont fait ressortir les résultats généraux au point de vue de la civilisation et de l'accroissement de la population. L'un de ses effets les plus évidents, c'est d'avoir développé, dans toutes les classes, le désir de posséder. Les travailleurs des campagnes, métayers, manœuvres, domestiques, les artisans des petites localités, aspirent tous à acquérir. Il n'est point d'économie qu'ils ne s'imposent pour payer le champ, acheté quelquefois avec leur travail pour seul capital. Les conséquences sont aisées à constater ; la valeur vénale du sol a augmenté ; beaucoup de propriétés ont été vendues au détail, par spéculation ; la valeur réelle du fonds s'est élevée aussi en raison des efforts faits pour l'améliorer.

La division des propriétés a conduit à employer les vaches de préférence aux bœufs, dont le prix d'achat est plus élevé et le travail plus cher ; elles sont plus à la portée de la bourse des petits cultivateurs, et, outre leur travail, elles donnent des produits. Quant à leur lait, il est entièrement consacré à la nourriture des veaux. L'allure rapide des vaches rend leur emploi précieux, et quand elles sont oisives, pendant la morte-saison, elles payent leur entretien, non pas peut-être avec usure, comme le remarque Grognier,[1] mais elles le payent. Il en est autre-

---

[1] *Cours de multiplication*, page 475.

ment des bœufs, utiles seulement au moment des labours ; leur entretien est une perte dans les autres temps, à moins que des positions exceptionnellement favorables ne permettent de leur faire exécuter des charrois.

L'usage des vaches comme bêtes de labour ne tourne pas seulement à l'avantage des travaux ; il est devenu la source de la multiplication du bétail.[1] Cette multiplication, il est vrai, ne s'est pas faite sans un déplacement dans les industries animales. Les bêtes bovines augmentant, tendent à remplacer les bêtes à laine qui cèdent peu à peu le terrain par suite des soins apportés aux cultures et de l'interdiction du parcours et de la vaine pâture.

§ IV. — **Métayage.** — Les propriétés sont, généralement, exploitées suivant le mode du colonage partiaire ou l'exploitation à moitié fruits. Ce mode a pour base l'association, pour moyen une convention verbale et amiable entre le propriétaire et l'exploitant, pour résultat le partage des revenus du sol entre l'un et l'autre ; il parait remonter à une haute antiquité. Cette particularité et son adoption générale par les propriétaires fonciers ont sans doute une raison d'être. D'après certaines personnes, le métayage serait commandé par les circonstances qui dominent l'agriculture, et avant tout par le climat. La mobilité qui le caractérise, la fréquence et la rapidité des variations de température, ne permettraient point de compter sur une succession d'années à peu près uniformes, encore moins sur des produits à peu près certains, et, conséquemment, rendraient peu susceptible d'application le *fermage*, celui-ci exigeant des conditions climatériques et culturales bien différentes.

Selon une autre opinion, « le fermage est peu usité, parce que l'épargne n'a pas encore formé dans la population rurale les capitaux suffisants pour que ce mode d'exploitation se généralise et que, dans l'état actuel de la richesse, le métayage est naturellement la forme la plus usuelle de l'exploitation du sol.[2] »

La préférence accordée au métayage serait donc, selon cette

---

[1] *De l'amélioration de la race bovine de la Haute-Garonne*, p. 14.

[2] M. BONNET ; *Rapport sur la Prime d'Honneur du département de la Dordogne*, de 1864.

opinion , une préférence forcée ; mais rien n'empêche de chercher à l'améliorer. Ainsi, les propriétaires qui se tiennent sur
l'exploitation, ou qui veulent surveiller attentivement les opérations de la culture stipulent, avec le colon, des conventions bien
arrêtées d'avance relativement aux assolements et à tous les perfectionnements désirables ; ils peuvent, de la sorte, réaliser des
progrès auxquels trop souvent les métayers opposent une force
d'inertie désespérante pour les intérêts communs.

Quoi qu'il en soit, le métayage a, croyons-nous , contribué à
donner à l'éducation du bétail le degré de prospérité qu'elle a
atteint. Voici comment : le partage égal étant le but, les colons
sont intéressés à diriger l'exploitation avec le plus de succès
possible. Parmi les branches diverses de cette exploitation , celle
à laquelle ils s'attachent le plus, c'est le cheptel ; celui-ci leur
fournit le revenu le plus net, le plus sûr et quelquefois le plus
considérable. Sans faire de cette spéculation l'objet principal, tous
élèvent. Le prix de vente, dont la moitié leur revient, étant
d'autant plus considérable que les élèves sont présentés au commerce en meilleur état, ils s'attachent à faire de bons choix pour
les appareillements , et ils s'appliquent, surtout , à donner aux
produits des soins excellents, relativement au pansage et à la
nourriture.

§ V. — Débouchés. — Dans ces faits réside évidemment la
cause principale de la prospérité de l'industrie bovine. Cette assertion est légitimée par l'état de la même industrie dans quelques départements voisins ; ceux-ci ne produisent pas assez de
bœufs pour suffire aux besoins des travaux agricoles ; aussi vien-
nent-ils se pourvoir dans la circonscription occupée par la race
garonnaise et fournissent-ils, de la sorte, un débouché constamment ouvert à ses produits. Si ces départements, placés pourtant
dans les mêmes conditions climatériques et culturales, ne produisent pas le nombre de bestiaux nécessaires à leur consommation, ne pourrait-on pas l'attribuer à ce que dans ces départements, dans celui de la Haute-Garonne par exemple , qui achète
beaucoup de bœufs de travail dans l'Agenais , la plupart des domaines, au lieu d'être exploités par des métayers intéressés à faire
de bons et nombreux élèves, sont livrés à des maîtres valets,

c'est-à-dire à des hommes salariés et nullement intéréssés à aider au progrès de l'éducation du bétail, ni à tirer parti de cette branche de l'économie rurale? Ces départements s'efforcent, toutefois, d'améliorer leur agriculture et leur bétail, afin de s'affranchir d'un tribut onéreux. Il faut applaudir sans réserve aux tentatives que font, dans ce but, le Tarn-et-Garonne et la Haute-Garonne. Quand ils pourront se suffire à eux-mêmes, et l'avenir réserve, sans doute, cette satisfaction à leurs efforts, la basse plaine de la Garonne, où ils font une grande partie de leurs achats, trouvera dans le débouché pour la boucherie un courant d'exportation qui s'étend de jour en jour davantage.

Indépendamment du débouché dont il vient d'être question pour les jeunes bestiaux de travail, il en existe un autre pour les animaux âgés qui sont achetés par le Périgord et qui passent bientôt à l'engraissement. Les bêtes de boucherie préparées sur place trouvent, en outre, un écoulement facile vers deux grands centres de population, Bordeaux et Toulouse. De plus, il s'exporte des taureaux reproducteurs pour tous les départements voisins, même pour celui des Landes.

§ VI. — **Supériorité du nombre des vaches.** — Les vaches, restant à peu près toutes dans le pays, sont, conséquemment, beaucoup plus nombreuses que les bœufs. Dans certains cantons, la proportion entre les vaches et les bœufs présente une différence énorme. Le canton de Lauzun, par exemple, a moins d'une centaine de bœufs, et il possède près de 3,000 vaches. Dans d'autres, la différence est moins grande; ainsi celui de Meilhan possède 2,025 vaches et de 7 à 800 bœufs; celui de Mas a le même nombre de bœufs sur 1,640 vaches. Cela s'explique par ce fait que ces deux derniers cantons préparent beaucoup de bœufs pour la boucherie de Bordeaux. L'introduction des charrues en fer contribue encore à restreindre le nombre des bœufs de labour. Exigeant moins de tirage, elles ont permis d'étendre l'emploi des vaches. Il n'est pas rare de trouver de petites exploitations de 20 hectares qui nourrissaient autrefois seulement deux paires de bœufs, nombre tout juste indispensable pour les nécessités des travaux, et qui nourrissent aujourd'hui jusqu'à douze têtes de bétail. Les quatre bœufs siffisant jadis à l'exploitation du domaine ont élé remplacés, sans aucun déboursé, par deux paires de vaches achetées pleines. Ces bêtes, en moins d'une année, donnent, en faisant la part des accidents imprévus, trois veaux ou vêles. Au bout de quatre ans la grange renferme douze têtes de bétail de rente et les mères, ce qui fait seize. Supposons encore que la médiocrité de certains produits ou la spéculation aient motivé la vente de quatre d'entre eux pour la boucherie, il reste douze têtes, nombre normal des animaux entretenus actuellement dans toute métairie où on en comptait quatre autrefois.

Les producteurs attachent beaucoup d'importance à conserver leurs vaches mères. Il faut de mauvaises récoltes, une spéculation manquée, la nécessité de réaliser des fonds, pour les forcer à les exposer en vente. Des offres avantageuses les y décident quelquefois. Aux environs de Marmande, on rencontre des couples de vaches dont les propriétaires ne se déferaient pas à moins de 1,200 fr. Souvent ils conduisent leurs bêtes dans les foires pour les faire voir seulement, sans nul désir de vendre.

Toutes ces circonstances expliquent comment les vaches garonnaises forment une famille nombreuse, et surtout homogène et constante. Elles ne quittent, en général, le pays, ou ne se livrent au boucher que lorsqu'elles ont longtemps rempli leur double destination. C'est le propre des races faites d'avoir ainsi à demeure une souche d'excellentes femelles perpétuant indéfiniment la famille et la conservant dans sa pureté.

III

§ Ier. — **Unité de cette race.** — Les opinions sont divisées sur le fait de savoir si toute la population bovine de la vallée de la Garonne, depuis Montauban jusqu'à Bordeaux, forme une seule et même race. Un fait certain, c'est qu'en descendant le cours de la rivière on trouve, quoique toujours sous le même pelage et la même physionomie générale, des animaux différents de conformation et de taille surtout. La haute plaine présente des bestiaux pas très-grands relativement, réguliers de formes et d'aplombs, ayant le tissu dense, le pied bon. Dans les alluvions les plus grasses de la Garonne, à partir de Marmande, la taille s'élève sensiblement, le volume augmente, l'ossature est grossière, le pied grand, le tissu corné mou, les aplombs sont moins réguliers.

Aux yeux de certaines personnes, ces différences ne suffisent pas pour constituer deux races. Elles s'expliquent les modifications observées, par l'influence de conditions toutes locales dépendant de l'exposition du sol, de la nature des aliments, etc. D'après cette opinion, le type du bétail de la Garonne serait partout le même, et quelques variations dans les caractères ne sauraient l'empêcher de former une race unique.

La voix publique paraît ne pas donner raison à ce système, car elle n'accorde pas, indistinctement, le même nom à tous les bestiaux de la vallée; elle appelle *garonnais* ceux de la partie basse, et *agenais* ceux de la partie haute.

Cette distinction est-elle fondée? Lafore et Bareyre l'admettent dans leurs écrits. Le premier classe même la race agenaise dans les *races des plaines*, et la garonnaise est rattachée par lui aux *races des vallées*. On a sanctionné, pour ainsi dire, cette séparation d'une manière officielle dans les premiers programmes des concours régionaux du sud-ouest. C'était une concession faite aux habitudes locales, concession qui n'a rien engagé, et dont il n'est pas tenu compte aujourd'hui. Les agriculteurs aiment à distinguer autant de races qu'ils ont sous les yeux de groupes tant soit peu différents. Il faut faire la part de cette tendance; mais la distinction dont il s'agit ne nous semble pas devoir être conservée. Les différences de taille ne suffisent pas pour l'établir. Il est rare, d'ailleurs, de trouver, actuellement, de grandes vaches comme celles qu'on voyait, il y a quelques années, dans les belles étables de M. Sylvestre Ferron, à Tonneins. La chambre consultative d'Agen a consigné dans ses procès-verbaux ce fait que les grands bœufs, si recherchés naguère, sont délaissés aujourd'hui. Il a été reconnu que leur taille ajoutait peu à leur force, et qu'ils étaient d'un entretien plus coûteux. Déjà l'on ne voit plus, sur le port de Bordeaux, ces garonnais d'un poids énorme qui y faisaient autrefois tous les transports.[1]

Nous croyons donc, avec beaucoup d'agriculteurs, que la race agenaise et la race garonnaise forment une seule et même race. Les deux noms sous lesquels on la désigne, tiennent uniquement un peu à l'amour-propre local, un peu aux différences existant entre les deux groupes. Ces différences, très-sensibles pour les agriculteurs du pays, le sont beaucoup moins aux yeux des étrangers, et nous paraîtraient tout au plus légitimer la distinction d'une variété au sein de la race. Mais rien ne motive la séparation en deux races, ni les caractères zoologiques, ni le pelage, ni la conformation, ni les aptitudes. La taille elle-même serait une considération très-secondaire, puisque, d'après les indications des auteurs qui ont formulé la distinction, on trouve que la race agenaise du coteau peut atteindre 1^{m}60, et que la race garonnaise a des sujets de 1^{m}45.

Quant à la désignation définitive à lui conserver, il faut également en venir à l'unité. Sans aucun doute, le public sacrifiera encore aux habitudes locales, et la race sera longtemps appelée *garonnaise* et *bordelaise* dans la Gironde, *agenaise* dans le Lot-et-Garonne, le Tarn-et-Garonne, la Haute-Garonne, le Limousin, *marmandaise* même dans l'arrondissement de Marmande. Longtemps elle a été inscrite sous le nom officiel de *race agenaise* dans les programmes des concours régionaux. On peut, avec raison, invoquer en faveur de cette dénomination, 1º ce principe que toutes les races ont un point central de production des meilleurs types, et 2º cette circonstance, que ce point, pour la race dont nous nous occupons, se trouve dans ce qu'on nommait autrefois l'Agenais.

Mais, de ce qu'elle n'est pas seulement produite sur ce point, de ce que la Garonne arrose toutes les localités où s'en fait l'élevage, la dénomination la plus large, celle de *garonnaise*, paraîtrait, dit-on, préférable. Cette opinion a été émise, avec une

---

[1] *Description des bestiaux du département de la Gironde*, par M. Dupont, page 11. — *Rapport sur le concours des bestiaux gras de Bordeaux en 1850*, par M. Dufour.

2

haute autorité, par M. l'inspecteur général de l'agriculture, Chambellant, dans son compte-rendu du concours régional du sud-ouest, à Agen, en 1853. Voilà pourquoi sans doute les programmes officiels ne la désignent-ils plus, depuis, que sous le nom de *garonnaise*.

Dans le cours de ce travail, nous avons adopté ce dernier terme.

§ II. — **Incertitudes sur son origine.**— Avant les travaux de Lafore et de Bareyre, on ne trouve des documents sur cette famille de bétail que dans l'*Histoire du département de Lot-et-Garonne*, par Boudon de Saint-Amans, et dans la *Statistique* de Lafond du Cujula. D'après ces auteurs, le bétail de la Garonne a toujours eu de la réputation et était recherché. En 1775, l'épizootie typhoïde qui régnait depuis deux ans dans le pays de Bigorre envahit la Gascogne, la Guienne et le Languedoc. Les ravages de l'épizootie et l'assommement prescrit par l'illustre Vicq-d'Azyr firent plus que décimer le bétail. On a écrit que l'Agenais, dont les ressources en bestiaux avaient été suffisantes et au-delà de temps immémorial, fut contraint d'aller en chercher au loin. Selon Bareyre, les cultivateurs achetèrent, dans le Périgord, des bestiaux chétifs, ne pouvant pas, faute de moyens, en acquérir de beaux et de bons.[1] Selon M. Villeroy, ce furent des animaux des races d'Auvergne et de Quercy qui, après la désastreuse épizootie, furent introduits le long des Pyrénées.[2] Des renseignements pris auprès de personnes dont les souvenirs remontent jusqu'à cette époque confirment ces assertions. Mais, il y a lieu de le penser, l'importation d'animaux étrangers dut s'opérer sur une petite échelle. Venant du Languedoc et descendant la Garonne, l'épizootie s'arrêta au-dessus d'Agen, et épargna la partie inférieure du bassin du fleuve, c'est-à-dire les plaines les plus peuplées en bétail, et le berceau de la race garonnaise. Ce fait est établi par Saint-Amans. L'assommement, dit-il, fut prescrit depuis Toulouse jusqu'à Layrac. La rive droite de la Garonne fut épargnée par l'épizootie, à l'exception des communes de Va-

---

[1] *Statistique bovine de Lot-et-Garonne*, page 6.
[2] *Manuel de l'Éleveur*, page 27 de la 1re édition.

lence, de Pommevic, de Golfech et de Clermont-Dessus.[1] Au surplus, la pensée que les cultivateurs seraient allés au loin faire des acquisitions considérables de bétail est inadmissible. Il faut comparer la situation de la France, à cette époque, avec les conditions actuelles. Il faut songer combien la consommation du bétail était restreinte au siècle passé. Le voyageur anglais Arthur Young, qui a visité les provinces méridionales en 1788, s'étonnait d'apprendre qu'on tuait seulement trois ou quatre bœufs par an dans certains bourgs de 3,000 habitants.[2] Avec ces conditions, il eût été facile, malgré le fléau, d'attendre du temps seul et des derniers vestiges de la race le renouvellement du bétail. Si on admettait l'importation comme la véritable cause du rétablissement de la population bovine, on tomberait dans une impossibilité, à savoir la démonstration des traces de cette importation. Quant aux travaux agricoles, dans les localités frappées, on dut parer à leurs exigences, au moyen d'ânes et de mulets ; ou bien, en lieu et place de la charrue, on employait la bêche. Il y avait alors, moins qu'aujourd'hui, de terres livrées à la culture, en raison des bois immenses qui ont été défrichés depuis. Il est donc présumable que, dans les lieux où la mortalité avait fait le plus de ravages, la population bovine se reconstitua après la cessation du fléau et la suppression du cordon sanitaire, soit au moyen du noyau épargné, soit au moyen d'achats faits dans les localités limitrophes. Ce dernier fait est d'autant plus fondé que, à cette époque, les transactions commerciales s'opéraient très-difficilement au loin et étaient assujetties à une restriction forcée, à cause de l'état des routes et des chemins et de la difficulté des moyens de communication.

Nous avons combattu l'hypothèse qui attribue à l'importation le rétablissement de la race garonnaise. Rien ne prouve non plus, que nous sachions, cette assertion de M. Durut-Lassalle, qui en attribue le perfectionnement à un taureau d'Auvergne, importé

---

[1] *Histoire du département de Lot-et-Garonne*, tome II, page 181.

[2] Aujourd'hui, dans les mêmes localités, il ne se tue guère plus de bœufs ou vaches, il s'y consomme seulement plus de deux cents veaux annuellement, et en général la viande de porc et d'oie supplée celle de boucherie.

de l'établissement de l'abbé Pradt.[1] Lafore pense aussi que la race garonnaise est une émanation de celle de Salers.[2]

§ III. — **Caractères de la race garonnaise.** — La couleur de la robe est le *rouge froment,* nuance encore désignée sous le nom de *poil de blé, fromentin* ou *alezan.* Ce poil lui est commun avec la petite race laitière de *Lourdes;* mais il la distingue des races qui l'avoisinent : de la race *gasconne,* dont le pelage est presque noir ; de la jolie et excellente race *bazadaise,* dont la robe est très-brune, parfois pommelée, avec le tour du mufle et le tour des yeux d'un blanc rosé ; des bœufs d'*Auvergne* et de leurs dérivés, qui sont d'un rouge sanguin plus ou moins foncé.

Cette robe de la race garonnaise est, comme dans toutes les familles bien tranchées de bétail, un caractère distinctif et typique. Les produits des femelles importées d'une autre race revêtent, le plus souvent, la couleur froment dès la première génération. Dans le fruit de l'accouplement d'une vache pie bretonne, par exemple, avec un taureau garonnais, une ou deux taches blanches trahissent, quelquefois seulement, l'origine maternelle.

Il n'y a pas lieu d'être surpris, si la couleur du poil a, de tout temps, frappé les naturalistes dans l'étude des animaux, et si Aristote et Vitruve, entre autres, ont attribué à certaines rivières la propriété de donner une couleur au bétail qui vit sur leurs bords.[3] Sans parler du Pô, auquel même aujourd'hui une semblable propriété est attribuée,[4] il est aisé de voir, pour ce qui concerne la Garonne, que les terres arrosées par ce fleuve et sujettes à ses inondations reflètent, comme on l'a vu plus haut, une couleur rougeâtre évidente. « En général, tout ce que la terre fait naître est conforme à la terre elle-même,[5] » a dit un écrivain ; il n'est pas irrationnel de supposer que la connexité

---

[1] *Traité d'hygiène vétérinaire,* par M. MAGNE, tome II, page 51.

[2] *Traité des maladies des grands ruminants,* page 38.

[3] Nicolas WISEMAN ; *Discours sur les rapports entre la science et la religion révélée.* Edition de Genoude, page 127.

[4] STEWART-ROSE ; *Lettres du nord de l'Italie.*

[5] Michel LÉVY ; *Traité d'hygiène.*

existant entre le sol et les animaux qu'il nourrit peut se trahir aussi par la couleur. L'observation a été faite maintes fois. Les animaux qui habitent le désert sont d'un gris tendre absolument semblable à celui du sable.[1]

Il existe, dans la race garonnaise et sans distinction de localités, des individus que l'on dit *enfumés*. Ceux-ci ont la tête d'un gris plus ou moins foncé; ils sont estimés des éleveurs, qui les vendent plus avantageusement. Avec la couleur caractéristique blanc rosé du mufle et des paupières, le reflet brunâtre du front et du chanfrein produit, d'ailleurs, un assez bon effet et donne à un attelage ainsi marqué une physionomie agréable. C'est le seul mérite de cette particularité. On rencontre assez fréquemment des sujets avec une robe froment parfaitement uniforme, mais ayant le mufle noir. Ils n'appartiennent pas à la race garonnaise pure; cette couleur du mufle trahit le sang gascon. Ils résultent du croisement de vaches gasconnes avec les taureaux garonnais. Ce croisement a produit ce qu'on appelle la sous-race *de Nérac*.

Pour terminer ce qui concerne la robe, il faut ajouter que la couleur rouge froment offre une teinte plus foncée à l'encolure, aux épaules et à la partie moyenne des côtes; le dos et les reins sont, au contraire, d'une teinte lavée. Il en est de même de la face interne des cuisses, où le poil, rare et fin, laisse voir la peau légèrement rosée. Une autre particularité à signaler, c'est que la robe devient pommelée chez la plupart des taureaux après deux ans.

Comparée avec les races dont elle est entourée, la race garonnaise s'en distingue donc d'une manière tranchée par le pelage; elle s'en sépare également par la taille plus élevée, par plus de longueur du corps, par la physionomie plus douce, etc.

La taille varie entre 1^m,45 et 1^m,72 chez le bœuf adulte. Les colosses de la basse plaine atteignent seuls ce dernier chiffre. Les vaches même arrivent à 1^m,55. Après la taille, ce qui différencie le plus ces garonnais de la basse plaine, c'est une conformation moins régulière. Charpente osseuse en relief; cornes fortes à la

---

[1] Maxime Du Camp; *Le Nil*, page 109.

base dirigées en arrière et en contre-bas ; tête longue, un peu étroite ou, comme on le dit, *tête de vache*, légèrement busquée ; rein long, cuisse fendue, jarrets coudés, pieds panards, onglons écartés l'un de l'autre, corne molle : tels sont leurs défauts. Il faut citer, comme qualités, la souplesse de la peau, le peu de développement du fanon sous la tête et au haut du cou, la finesse de l'encolure, la largeur du bassin, des jarrets et de l'avant-bras.

Le poids moyen brut des bœufs est de 1,000 kilog. ;

Celui des vaches, de 350 kilog. ;

Celui des veaux, de 80 kilog.

Mais, en général, la race garonnaise a moins de poids, moins de taille et une meilleure conformation.

Voici la moyenne des proportions et des poids :

INDICATIONS.	HAUTEUR du garrot à terre.	LONGUEUR du corps.	LARGEUR des hanches.	POIDS.
Taureaux de 18 à 24 mois..	1ᵐ,40	1ᵐ,64	0ᵐ,53	300 k.
Vaches adultes............	1ᵐ,40	1ᵐ,60	0ᵐ,58	300
Bœufs âgés de 5 ans.......	1ᵐ,50	1ᵐ,70	0ᵐ,70	450
Bœufs de 8 à 10 ans.......	»	»	»	900
Veaux de boucherie.......	»	»	»	60

À tout ce qu'il y a de bon dans la conformation de la variété ci-dessus, il faut ajouter de meilleurs aplombs ; un pied plus petit ; des onglons plus rapprochés ; la culotte mieux descendue ; la queue fine à l'extrémité ; le canon court et mince ; le ventre rond et peu volumineux ; le dos, la croupe, le poitrail, l'avant-bras larges ; la tête courte ; le chanfrein droit.

La finesse de la queue nous rappelle une particularité à noter dans les habitudes des bouviers. Ils coupent soigneusement avec des ciseaux les poils sur le trajet de la queue à partir du toupillon, pour la faire paraître plus mince. Ils attachent beaucoup d'importance à cette finesse, qu'ils savent annoncer la *qualité*, comme ils le disent, c'est-à-dire l'aptitude à l'engraissement. Le peu de volume de l'abdomen donne la raison d'une assez grande facilité de nutrition et de la sobriété de la race garonnaise. Aussi, en raison de cette disposition physiologique, les animaux maigres se refont-ils vite, même en continuant de travailler, avec une légère augmentation de nourriture. Bien différent du bœuf gascon, qui pour un poids moyen de 350 kilog., s'entretient difficilement au repos avec une ration de 10 kilog. de foin et 5 kilog. de paille, le bœuf garonnais du poids de 550 kilog., sera, avec la même nourriture, suffisamment entretenu dans un état satisfaisant d'embonpoint.

Telles sont les qualités de la race garonnaise. Voyons ses défauts. On lui reproche d'avoir 1° la poitrine sanglée en arrière des épaules ; 2° le rein ensellé, 3° les cornes longues dirigées en contre-bas, défectuosité donnant à la tête un aspect disgracieux, gênant l'attache du joug, exposant davantage les appendices frontaux aux violences extérieures et nécessitant leur amputation.

Le défaut d'horizontalité de la ligne dorsale est assez prononcé chez beaucoup de taureaux. On l'observe moins sur les bœufs et les vaches. Il disparaît souvent après la castration. C'est sans doute l'effet du travail et de la rigidité qu'acquiert peu à peu le région dorso-lombaire par l'habitude de se vousser en contre-haut pour mieux vaincre la résistance attachée au joug.

Nous ne serions pas éloigné de penser que la coutume de faire saillir les génisses trop jeunes ne contribue à produire l'ensellement. Les viscères abdominaux, tous suspendus à la colonne vertébrale, acquérant plus de poids par l'addition du fœtus, ne doivent-ils pas faire fléchir cette colonne, surtout si elle a une certaine longueur, et influer sur son horizontalité, si elle n'a pas acquis tout le développement et la force nécessaires ?

Quant au reproche fait à la race garonnaise d'avoir la corne des pieds mauvaise, les talons bas, les onglons écartés, le tout amenant la nécessité de la ferrure, Lafore en parle ainsi : « La race agenaise n'a point mauvais pied. Ce n'est qu'accidentellement que les animaux de quelques contrées ont la corne des onglons molle. Ce sont ceux qui vivent journellement dans les pâturages des bords de la Garonne. Les bestiaux élevés dans toute autre condition ont le pied ferme à un tel point, qu'on les voit, sans être ferrés, supporter un travail soutenu sur des routes pierreuses.[1] »

Dans la haute plaine la race est plus propre au travail, plus sobre ; elle donne, toutes choses égales, un rendement supérieur, et la reproduction s'effectue, généralement, au moyen des taureaux choisis sur ce point. Dans les concours, on prend, à mérite égal et l'âge étant le même, ceux qui ont le moins de taille ; ils deviennent moins lourds et ne fatiguent pas autant les vaches lors de la saillie. Les agriculteurs qui achètent des taureaux garonnais pour opérer des croisements devraient ainsi faire leurs choix et rechercher de préférence les sujets près de terre ; ceux-ci réussissent mieux partout que les grands taureaux et s'acclimatent plus aisément. Ce défaut de précaution dans le choix des reproducteurs, au début du croisement surtout, peut amener des insuccès et faire regretter l'emploi de la race de la Garonne.

§ IV. — **Précocité de la race Garonnaise.** — L'amélioration des lignes, dans la race garonnaise, est moins sensible que l'amélioration vers la finesse et la précocité, conséquences de soins généraux mieux entendus et d'une alimentation plus abondante dès le jeune âge. Aussi les éleveurs doivent-ils redoubler d'attention, en choisissant les reproducteurs, pour redresser la ligne dorsale, pour élargir la poitrine, enfin, pour régulariser les aplombs des membres antérieurs, surtout, que l'on voit assez fréquemment entachés de ce défaut, désigné sous le terme de *pieds panards*.

C'est au dernier Concours régional d'Agen, en 1863, et surtout chez les jeunes vaches, que nous avons pu constater cette tendance à la précocité dont il est question ci-dessus. Voici ce que nous disions, à ce sujet, dans les observations que nous publiâmes à cette époque, sur cette remarquable Exposition :

---

[1] *De l'amélioration de l'espèce bovine dans le département de la Haute-Garonne*, page 27.

« Cette précocité se dévoile par un signe qui ne peut pas tromper. Il y avait au Concours, dans la deuxième section, des femelles garonnaises, c'est-à-dire des génisses nées depuis le 1er mai 1860 et avant le 1er mai 1861 ; il y avait des sujets portant six dents de remplacement, ces bêtes n'étaient cependant âgées que de 36 mois. Ce n'est pas la première fois que j'ai relevé ce fait, à savoir : que dans la race garonnaise, il existe des sujets, en assez grand nombre, qui, au lieu de changer leurs dents de remplacement, comme le font les races tardives, à 2 ans les pinces, à 3 ans les premières mitoyennes, à 4 ans les secondes mitoyennes, les changent : à 22 mois les pinces, à 28 mois les premières mitoyennes, à 34 ou 35 mois les secondes mitoyennes. L'évolution hative des dents est un attribut des races précoces. En vertu d'une loi physiologique qui n'admet pas d'exception, si l'organisme en général éprouve un dévelopement et une croissance plus rapides, chaque appareil, en particulier, subit la même impulsion : l'appareil digestif surtout qui fonctionne davantage.[1] »

§ V. — **Comparaisons avec les races voisines.** — Dans le tableau synoptique suivant, on a mis en regard, afin de faire bien apprécier les différences, les caractères de la race garonnaise et ceux des races voisines. Ces races sont :

1° La *race gasconne*, au midi de la vallée du fleuve, dans le département du Gers ;

2° La *sous-race de Nérac*, sur les points intermédiaires, dans les arrondissements de Nérac, de Lectoure et de Condom ;

3° Les races *bazadaise*, *landaise* et *de Lourdes*, au sud-ouest, dans la Gironde, les Landes et au pied des Pyrénées.

Du côté du Nord, on a cru pouvoir distinguer, dans la Dordogne, une race particulière, sous le nom de *périgourdine*. Cette famille n'existe pas ; les bœufs ainsi désignés se confondent avec les garonnais, comme ceux du Quercy, émanation plus ou moins pure des races d'Auvergne, et peuvent se confondre avec elles.

---

[1] *Journal de Lot-et-Garonne*, 31 mai 1863.

Autre observation : les familles de bétail qui entourent la race garonnaise s'allient plus ou moins avec elle et de diverses façons ; cela est assez naturel. Cette alliance, on l'a déjà vu , a formé la sous-race de *Nérac ;* de même, elle a formé, avec la race bazadaise, une sous-race intermédiaire aux environs de Langon. Ces croisements sont inévitables dans les lieux de transition qui séparent deux races.

Dans la session de 1862 , on proposa au Conseil général de Lot-et-Garonne d'émettre un vœu favorable à la demande adressée à S. Exc. M. le Ministre de l'agriculture, du commerce et des travaux publics , pour faire admettre dans une classe à part, comme race pure, au concours régional d'Agen, en 1863, la famille bovine désignée sous le nom Néraquaise.

La Commission chargée de l'examen de cette question a jugé, très-sagement , selon nous , qu'avant toute chose « il eût fallu « définir le caractère et constater l'existence de cette race, qui « lui paraît assez problématique. » Elle a pensé n'avoir à faire aucune proposition à cet égard. Le Conseil s'est borné à recommander simplement au Ministre l'examen de la demande du Comice de Nérac.

La Commission du Conseil général était dans le vrai. La famille bovine de Nérac ne constitue pas une race proprement dite. Si cette famille eût existé à l'état de race , le fait n'eût assurément pas échappé à l'attention des inspecteurs généraux de l'agriculture qui l'ont étudiée , avant d'inspirer à M. le Ministre le programme des concours régionaux.

Il nous semble, d'ailleurs , que la proposition n'eût pas été faite , si l'on se fût au préalable demandé simplement ce que c'est qu'une race.

On définit la **race** : un groupe d'individus appartenant à la même espèce, ayant une origine commune et des caractères semblables transmissibles par voie de génération.

Une telle définition ne saurait s'appliquer au bétail élevé sur les collines de la Baïse, car ce groupe d'individus n'a pas une origine commune, ni des caractères identiques, et ces caractères ne sont pas transmissibles par voie de génération.

La contrée de Nérac occupe une situation intermédiaire entre la vallée de la Garonne où sont élevés les types de la race garonnaise, — et les côteaux du Gers, — centre d'élevage de la pure race gasconne.

Or, la famille néraquaise est issue du croisement de ces deux races, et continue de se perpétuer par le mélange incessant d'animaux gascons et de bêtes garonnaises, que le voisinage et les nécessités commerciales amènent dans l'arrondissement de Nérac.[1]

En outre, depuis quelques années, une troisième race tend manifestement à s'introduire dans cet arrondissement et à agir, par ses reproductions mâles, sur l'amélioration du bétail dont il s'agit. C'est l'excellente race bazadaise.[2]

Le type garonnais, le type gascon et le type bazadais apparaissent de la sorte, à l'état pur, ou plus ou moins altéré, dans la population bovine qui habite les environs de Nérac. Là semble être un terrain neutre où ces trois types se donnent rendez-vous pour s'y croiser ; et c'est précisément ce croisement, s'opérant tous les jours, qui s'oppose à la formation d'une race propre.

En voilà assez pour démontrer que le bétail néraquais n'a pas une origine commune. En raison de ces différences d'origine, il ne saurait avoir des caractères semblables ; et ces caractères étant variables, mobiles conséquemment, ils ne peuvent, on le conçoit, se reproduire d'une manière constante, comme dans les véritables races, par voie d'hérédité.

----

[1] En parlant de la *race de Nérac*, LAFORE dit textuellement, dans son ouvrage, page 78 : « Nous donnons ce nom *aux métis* formés par le croisement des vaches gasconnes avec des taureaux de race agenaise. » Il serait peut-être plus exact de dire « par le croisement de vaches garonnaises avec des taureaux gascons, » ainsi que le fait justement observer, dans son *Étude sur la race bovine gasconne*, page 8, M. le docteur TROYES, qui s'exprime, comme nous, sur la race dite de Nérac, et qui la nomme *Une sous-race gasconne*, provenant d'un croisement agenais et gascon.

[2] Le très-joli taureau qui obtint la prime d'honneur à Nérac, en 1863, au Concours d'arrondissement, et qui fut présenté au Concours régional d'Agen, comme un très-pur spécimen de la race de Nérac, était le produit d'une vache gasconne et d'un père bazadais.

La famille néraquaise n'est donc, je le répète, qu'une sous-race, qu'une variété composée de métis.

Mais pour ne mériter point le nom de race, elle n'en a pas moins des qualités précieuses qui la font rechercher par les marchands de Montauban et de Toulouse, où elle est importée sous le nom de *bœufs gascons*. Tous ces produits ont la solidité, le nerf, le pied résistant, l'aptitude au travail du gascon, et beaucoup, la finesse et l'aptitude à se nourrir du garonnais ; finesse et aptitude qui les rendent susceptibles de faire une excellente fin pour la boucherie. L'introduction du sang bazadais ne peut que leur être extrêmement favorable sous ce double rapport.

Tout en rendant à leurs qualités cette justice méritée, nous croyons que les bêtes de Nérac doivent continuer à paraître, dans les concours généraux de la région, parmi les animaux formant la catégorie des croisements divers, mais qu'ils ne sauraient prétendre, comme race, aux honneurs d'une catégorie spéciale. Le but de ces réflexions est de poser nettement la question et de réagir contre une tendance, selon nous fâcheuse, et l'extrême facilité avec laquelle on admet chez nous des races nouvelles. Chacun veut avoir la sienne. La conséquence la plus claire est la confusion. « Cette tendance, dit un auteur, M. Sanson, n'est pas bonne pour les progrès de la science zootechnique. Il importe de la combattre partout et toujours. Il faut réserver l'appellation de race aux collections d'individus ou de familles qui en possèdent bien les attributs fixes et distincts. »

TABLEAU DES CARACTÈRES DISTINCTIFS DES RACES

INDICATIONS.	GARONNAISE.	GASCONNE.	DE NÉRAC (sous-race).	BAZADAISE.	LANDAISE.	DE LOURDES.
Hautr du garrot à terre	1m,50	1m,40	1m,50	1m,43	1m,27	1m,24
Longueur du corps...	1m,70	1m,55	1m,67	1m,58	1m,45	1m,44
Largeur des hanches .	0m,70	0m,55	0m,68	0m,55	0m,42	0m,44
Poids (viande nette)...	450 k.	375 k.	425 k.	275 k.	190 k.	190 k.
Robe.............	Rouge froment.	Brun noir.	Brun clair.	Charbonnée.	Rouge brun.	Froment.
Tête......	Courte, fine.	Courte, grosse.	Courte, carrée.	Courte, sèche.	Courte, enfumée.	Petite, carrée.
Mufle...........	Mince, rosé.	Evasé, noir.	Moyen, noir.	Blanc.	Evasé.	Mince.
Cornes...........	Basses.	Dirigées en haut.	Bien placées.	Fortes, bien pla-cées.	Longues, très-con-tourn. en haut.	Courtes, grosses, cont. à la pointe
Peau.	Souple, p. épaisse	Rude, épaisse.	Forte, moelleuse.	Epaisse rude.	Epaisse, dure.	Souple.
Rég. dorso-lombaire..	Ensellée.	Droite.	Horizontale.	Droite.	Droite.	Droite, longue.
Côte............	Sanglée.	Ronde.	Ronde.	Ronde.	Basse.	Relevée.
Ventre.........	Rond, p. volumin.	Volumineux.	Développé.	Gros.	Gros.	Cylindrique.
Bassin.	Large.	Etroit.	Assez large.	Large.	Etroit.	Assez large.
Culotte...........	Bien descendue.	Fendue, mince.	Bien gigottée.	Gigottée.	Mince.	Musculeuse.
Testicules...	Petits.	Très-volumineux.	Moyens.	Moyens.	Gros.	Moyens.
Queue.........	Fine.	Grosse.	Grosse.	Forte.	Forte.	Fine.
Aplombs.........	Réguliers.	Parfaits.	Très-bons.	Très-bons.	Panarde.	Bons.
Jarrets..........	Larges.	Droits, assez larg.	Coudés.	Larges, droits.	Coudés.	Larges.
Pieds...........	Petits, corne bl.	Bons, corne noire.	Bons, corne noire.	Petits et durs.	Solides.	Bons.
Caractère.........	Très-docile.	Souvent difficile.	Doux.	Doux.	Souvent difficile.	Doux.
Aptitudes..	Travail et engrais peu laitière.	Très-prop. au tra-vail.	Travail et engrais	Travail et engrais	Travail, rustique.	Laitière.

§ VI.— **Données statistiques.**— La race garonnaise occupe, avons-nous dit, dans le bassin de la Garonne, une superficie évaluée à 1,700,000 hectares environ. Cet espace s'étendant sur plusieurs départements, il est assez difficile de savoir d'une manière très-approximative le nombre de têtes qu'il comprend. S'il a été fait des statistiques, on les a faites pour chaque département en particulier, et l'on a compté le bétail sans distinction de races ; de là la difficulté pour une évaluation numérique spéciale de la race dont il s'agit. On peut cependant, ce nous semble, approcher de la vérité en comparant la population bovine à l'étendue du terrain sur les points où elle est élevée. Le problème se réduit à rechercher combien il y a de têtes, en moyenne, sur un nombre déterminé d'hectares.

D'après les données très-exactes fournies par le cadastre commencé en 1822 et terminé en 1850, le département de Lot-et-Garonne, qui renferme, comme nous l'avons dit, le principal centre de production de la race garonnaise, possède 622,034 hectares 06 ares.

D'un autre côté, le nombre de têtes de bétail dans ce département, indiqué dans la statistique publiée par M. Bareyre en 1844, monte à 129,973 têtes, ainsi divisées :

Bœufs	29,163
Vaches	64,289
Taureaux	10,090
Veaux	26,431
TOTAL	129,973

Un recensement opéré, en 1850, par la commission consultative départementale d'agriculture, et qui n'a pas été terminé, paraissait vouloir donner des évaluations très-voisines, mais un peu plus élevées. Admettons 130,000 têtes dans le Lot-et-Garonne.

De ce chiffre il faut retrancher 2,000 têtes environ de race landaise se trouvant sur les 40,000 hectares de landes renfermées dans ce département. Tout le reste, c'est-à-dire 128,000 sujets, appartenant à la race garonnaise ou à la sous-race de Nérac, est nourri sur 582,034 hectares 06 ares, en soustrayant les 40,000 hectares de landes. Cela fait une tête de bétail pour 4 hectares 54 ares. S'il en est ainsi, sur une surface de 1,700,000 hectares, il y aura 374,669 têtes.

IV

§ Ier. — **Exposé des conditions qui président à la production et à l'élevage de la race garonnaise. — Age auquel les génisses sont livrées à la reproduction. — Coutumes bizarres.** — Aussitôt que les génisses ont atteint de vingt-cinq à trente mois, on les fait saillir. Leur premier vêlage s'effectue aux environs de trois ans. La théorie condamnerait vainement cette méthode; la pratique semble l'autoriser, et l'intérêt des producteurs la consacre tous les jours. Cependant ces gestations trop hâtives donnent des fruits très-souvent médiocres, nuisent au développement des jeunes vaches, et, comme nous l'avons déjà supposé, ne sont peut-être pas étrangères à l'ensellement du dos dans la race.

Des cultivateurs emploient encore certains moyens bizarres pour obtenir plus sûrement, d'après leurs idées, la fécondation des vaches. Les uns introduisent, avant le saut, de la chaux vive dans l'intérieur de la vulve; d'autres piquent cet organe après l'accouplement et en frictionnent l'orifice avec un mélange de vinaigre et de sel; d'autres enfin font chauffer le bout du manche d'une pelle à feu et l'appliquent brûlant sur la vulve. Signaler de semblables manœuvres, c'est en condamner l'usage. La première surtout n'est pas sans danger pour les vaches et pour les taureaux, et on l'a vue occasionner des maladies graves des organes de la génération. Nous ne parlerons pas de ceux qui donnent aux jeunes femelles quelques grains d'opium dans de l'eau-de-vie, des décoctions de Pavot, de feuilles de Laitue, de racine de Nymphæa. Dans quelques localités, ces moyens s'emploient concurremment avec une opération assez curieuse pratiquée par des paysans jouissant d'un renom d'habileté traditionnelle. Il est des vaches qu'on a fait saillir plusieurs fois infructueusement, et qui ont pour habitude de sauter sur les bœufs et sur les taureaux, ce que ne font jamais les autres femelles quand elles sont en chaleur. C'est sur ces vaches que l'opération est indiquée. On les nomme, en patois du pays, *embourrugados*. L'opération, dite *desembourruga*, consiste à pratiquer une incision avec un canif sur la muqueuse vaginale. Le lieu de l'incision et le *modus faciendi* sont le secret de l'opérateur. On a vu, dit-on, des bêtes paraissant frappées de stérilité être fécondées après cette manœuvre. L'hémorragie résultant de l'incision et l'incision elle-même ne produiraient-elles pas une perturbation favorable au but demandé sur des organes dont l'irritabilité nerveuse est bien connue? Malgré tout, le plus sage peut-être est de laisser agir la nature à sa guise. Ces sortes de fonctions réclament rarement l'intervention de l'homme, et, dans les cas exceptionnels où elle peut être utile, ce n'est pas à l'emploi de moyens légués par l'ignorance des âges et appliqués au hasard qu'il faudrait avoir recours.

§ II. — **Saillie. — Appareil pour l'effectuer. — Moyen de contention des taureaux.** — La monte s'opère rarement en liberté, même dans les métairies dont le troupeau possède quelque taureau. Quand une vache donne les premiers signes du rut, au travail ou à la prairie, on la fait rentrer et on la fait saillir. La monte en liberté trouble le pacage et dérange les autres animaux; elle exclut, en outre, toute espèce de prévisions et de calculs, et par conséquent tout acheminement vers l'amélioration. Elle a, de plus, l'inconvénient d'amener souvent la dégénérescence par une consanguinité non surveillée. Il en est tout autrement de la monte en main, et surtout quand on conduit les vaches aux taureaux primés. — Ces reproducteurs acquièrent parfois beaucoup d'embonpoint et un poids trop considérable pour les vaches. Afin de faciliter la saillie, on dispose, auprès de la grange, un appareil très-simple, dont les pièces principales sont des montants entre lesquels on fixe les vaches, et des traverses presque horizontales sur lesquelles le taureau peut appuyer ses pieds de devant.

Pour contenir les taureaux indociles ou méchants, ou même

par simple mesure de précaution, on se sert d'une sorte de *pince* d'un usage analogue aux anneaux anglais, qui s'appuie sur la cloison nasale et qu'on peut ôter à volonté. Nous avons vu la plus commode chez un éleveur du Lot-et-Garonne, M. de Saint-Amant, agriculteur, à Latour, près Monflanquin. Ce moyen de contention diffère de celui dont la description a été donnée dans la *Maison rustique du* XIXe *siècle.*[1] Il se borne à comprimer la cloison nasale, au lieu d'en nécessiter la perforation, comme l'autre.

Pour se servir de l'appareil, on l'applique à plat sur le chanfrein de manière à ce que l'extrémité des mors de la pince s'introduise dans le nez. On agrafe la courroie supérieure autour du front et l'inférieure autour du menton. On fait passer, dans l'anneau fixé à la courroie supérieure, la corde nouée à l'anneau de la plaque mobile, et on saisit cette corde avec la main. La traction a pour effet de faire remonter la plaque, de rapprocher les branches, et, par suite, les mors, qui pressent alors d'autant plus fortement la cloison nasale.

§ III. — **Inconvénients du marchepied des étables.** — Les vaches pleines sont, généralement bien soignées, On ne leur donne cependant pas le moindre repos, même vers la fin de la gestation, à moins de nécessité absolue. Les éleveurs savent que, chez ces bêtes, le train postérieur devrait être de niveau avec le train antérieur, et pourtant ils négligent trop souvent d'élever la litière sous les pieds de derrière en temps opportun. Cette mesure prudente serait commandée par la disposition des étables. Dans toutes, en effet, existe, contre la mangeoire, un marchepied ayant souvent jusqu'à 35 centimètres d'élévation. Les animaux sont forcés d'y monter pour saisir leurs aliments, et ils prennent une position inclinée qui rejette tout le poids du corps sur le train postérieur, position aussi condamnable, comme on l'a fait observer justement, au point de vue hygiénique que ridicule à voir.

On comprend combien ces marchepids sont dangereux pour les vaches portières, chez lesquelles, si l'on oublie la précaution dont nous avons parlé, ou même, si on la prend trop tard, ils

---

[1] Volume II, page 243.

peuvent occasionner l'avortement en déterminant le refoulement du fœtus vers la partie postérieure du bassin. Si on demande aux agriculteurs la raison de ces marchepieds, ils prétendent que la position à laquelle les animaux sont obligés de s'assujettir, en y montant, les fait paraître plus grands et leur donne un meilleur aspect. Cet avantage, s'il existe pour eux, est bien minime quand on le met en regard des inconvénients. Les aplombs en souffrent à la longue, les articulations se tarent ; il serait même possible que l'ensellement eût là une cause active. En outre, les bêtes arrivant fatiguées du travail, forcées de se percher, en quelque sorte, sur une pierre qui exhausse de beaucoup leur train antérieur, subissent une nouvelle fatigue, par suite de l'inégale répartition du poids du corps sur les membres. Ces considérations devraient décider les agriculteurs à supprimer les marchepieds.

§ IV. — **Attachement héréditaire pour le bétail. — Pansage. — Douceur des animaux.** — L'attachement pour le bétail et, particulièrement pour les vaches en état de gestation, est héréditaire chez les paysans de la Garonne. Tout porte à croire que les soins par lesquels cet attachement se manifeste n'ont pas leur source uniquement dans un sentiment de pur intérêt. Les mêmes bêtes restant longtemps dans les métairies où souvent elles sont nées, le colon s'y attache davantage et les aime, calcul à part. Il faut voir comme il les garantit des mouches et des taons, au moyen d'un caparaçon de toile ; comme il effectue soigneusement le pansement de la main. Ce travail, objet d'une attention particulière de la part de la majorité des cultivateurs, — car il y a des exceptions, — s'exécute pendant le repas du matin. Le laboureur commence par frictionner tout le corps avec un torchon de paille ; puis il emploie, successivement, les instruments de pansage suivants : 1° l'*étrille*, en forme de carde ; 2° le *racloir* ou lame de couteau, pour enlever la poussière qui se loge entre les poils ; 3° la *brosse*, et enfin un chiffon de laine. Pour les bœufs d'engrais, certains nourrisseurs ajoutent à ce pansage, des lavages à l'eau tiède.

Il faut encore voir les enfants s'approcher des attelages arrivant du labour, les femmes visiter l'étable, porter du pain aux

bêtes et leur parler avec des expressions les plus naïvement cares-
santes, surtout quand des étrangers se trouvent dans la grange.
Les caresses redoublent, s'il est question d'acheter. Dans tout
cela, il y a, assurément, un peu d'ostentation : toutefois elle
n'exclut pas la sincérité; mais elle exclut, on peut le dire, toute
idée de mauvais traitements. Le paysan ne sait pas frapper ses
bêtes, et, selon le mot de M. Dupin, la loi protectrice des animaux n'est pas faite pour lui.[1] Ces bons soins contribuent, sans
aucun doute, à maintenir l'extrême douceur de caractère de la
race. Pour donner une preuve de sa docilité, il suffit de citer les
foires, même celles des localités où les animaux, très-souvent
sous la garde de femmes et d'enfants, sont agglomérés sans ordre,
pêle-mêle avec leurs conducteurs. Il est extrêmement rare que
ces agglomérations et ce désordre soient accompagnés d'accidents.
Les bouviers ont, en leur bétail, une confiance sans limite ; aussi
est-il complétement inutile de leur parler des précautions con-
seillées pour se garantir des effets du caprice ou de la méchan-
ceté de leurs bêtes, à part les taureaux. En général, ils ne com-
prendraient pas, par exemple, la nécessité du *bouletage* ou de
l'amputation de l'extrémité terminale des cornes. Ils polissent
et ils aiguisent volontiers, au contraire, la pointe des ces
appendices.

§ V. — **Allaitement.** — **Poids et prix des veaux.** — Les
vaches mettent bas, généralement, à la sortie de l'hiver, la saillie
ayant lieu pendant le printemps et l'été. On ne prend aucun soin
de choisir pour la reproduction les génisses portant les signes
lactifères. Ces signes, d'ailleurs, sont lettre morte pour la masse
des cultivateurs. Les vaches garonnaises ne sont pas, en général,
bonnes laitières; il leur suffit d'avoir assez de lait pour nourrir
leurs veaux; — ceux-ci tettent trois fois par jour dans la première quinzaine de leur existence, ensuite deux fois par vingt-
quatre heures seulement. On ne trait point les bêtes nourrices.

Les éleveurs savent, néanmoins, apprécier l'influence d'un bon
allaitement. Ils font téter souvent deux ou trois vaches aux veaux
destinés à la reproduction et préparés en vue des concours. Dans

---

[1] *Discours au Comice agricole de Clamecy.*

certaines propriétés, on achète une vache laitière de race bretonne dans ce but et pour suppléer les mères qui travaillent.
Cela se fait surtout quand on veut vendre un peu plus cher les
veaux de boucherie. On leur donne en même temps, de la farine
de seigle, des vesces et des fèves macérées mêlées de son. Les
veaux de boucherie sont vendus à deux mois ou deux mois et
demi; leur poids moyen brut est de 60 kilogrammes, et leur prix
moyen de 75 fr.

Les veaux et génisses destinés pour l'élevage ne sont sevrés
qu'à quatre ou cinq mois. Le sevrage a lieu insensiblement; on
les habitue à manger de bonne heure en leur distribuant de
petites rations de farineux et de grains.

§ VI. — **De l'aptitude au travail de la race garonnaise.** — Un journal d'agriculture, le *Recueil agronomique de
Tarn-et-Garonne*, renferme, dans son numéro de septembre
1851,[1] la phrase suivante :

« Il n'est pas un de nos cultivateurs qui ne reconnaisse l'incapacité du bœuf agenais pour le travail. »

D'un autre côté, on trouve énoncée, dans le *Moniteur agricole*, cette opinion que les « bœufs agenais dont la conformation
est parfaite au point de vue du travail sont de mauvaises machines à fabriquer la viande.[2] »

Des observations incomplètes ou des renseignements inexacts
ont pu seuls inspirer des jugements aussi contradictoires. De
telles assertions légitimeraient encore, s'il en était besoin, le
dessein que nous poursuivons ici de faire connaître, mieux qu'il
ne l'est généralement, le bétail de la Garonne.

Au point de vue de l'aptitude au travail, un juge compétent et
impartial s'exprime ainsi : [3]

« Bien des personnes nourrissent encore de vifs préjugés
contre cette race sous le rapport de son aptitude au travail et
quelquefois même sous celui de la beauté de ses formes; n'en
soyons pas surpris, ils ne la connaissent qu'au moyen de ces

---

[1] Page 225. — [2] Année 1851, page 697.

[3] *Observations pratiques sur le croisement et l'appareillement des
bêtes bovines*, page 9, par M. MARTEGOUTTE.

bœufs que le commerce nous amène **trop jeunes**, **sans habitude aucune** du moindre travail ; et qui, dès leur arrivée **chez nous**, passent, sans préparation, sans relâche, aux **travaux les plus** pénibles. S'il faut s'étonner de quelque chose, c'est de les voir échapper, même à moitié déformés, à l'épreuve d'un aussi barbare apprentissage. Que l'on parcoure les coteaux qui, dans l'Agenais, s'étendent au loin sur la rive droite de la Garonne : là sont d'âpres chemins semés de débris de roche roulant sous le pied des animaux ; là des pentes rudes des terres difficiles exigent aussi, de leur part, des efforts obstinés ; mais l'intelligent laboureur sait attendre ou n'emploie qu'à demi ses bêtes trop jeunes encore.

« Si vous voulez juger sainement de cette race, allez aux foires de printemps de Marmande, d'Agen, de Villeneuve. De magnifiques attelages de bœufs de trois à quatre ans, de cinq ans au plus, vous frapperont par leurs formes accomplies ; vous admirerez leur taille, la largeur de leur poitrine, la force de leurs membres ; mais passez, si vous ignorez qu'il faudra leur ménager avec habileté la transition d'un repos presque absolu au labeur incessant qui les attend chez vous. Plus loin, vous verrez quelques bœufs d'un autre âge : ceux-ci par la dureté de leur pied, qui n'a jamais été ferré, ceux-là par leurs muscles mis en saillie par l'exercice, vous diront que leur race est éminemment propre au travail. Enfin se montrera la véritable bête du pays, la vache, grande, forte, éprouvée ; car, dans l'Agenais, on n'élève, en définitive, des bœufs que pour l'exportation ; les travaux, tous les travaux sont exécutés par des attelages de vaches. »

A propos d'une importation de vaches garonnaises dans la Haute-Garonne, M. Martegoutte ajoute : « Employées comme bêtes de charrue, elles soutinrent le travail aussi bien que les vaches de Gascogne ; on les préférait même à cause de la longueur de leur pas. »

A l'époque des semailles d'automne et lorsque ces travaux sont pressants, ce qui arrive souvent en raison de l'incertitude du temps, il n'est pas rare de voir les attelages rester aux champs, depuis la pointe du jour jusqu'à trois heures du soir, sans interruption. Mais le travail le plus pénible, celui qui éprouve le plus les animaux, c'est le battage des grains. Ce battage s'effectue pendant les plus fortes chaleurs, au mois d'août, sur une aire exposée, le plus possible, au soleil. Les bêtes traînent un rouleau de pierre et tournent autour de l'aire trois ou quatre heures durant ; le matin, elles ont déjà fait un labour.

A la vérité, ce sont là des tâches exceptionnelles, qui disparaîtront dans un avenir plus ou moins rapproché, avec l'emploi des machines à battre accompagnées de locomobiles ; mais évidemment on ne saurait les exiger d'animaux dont l'incapacité pour le travail serait reconnue.

Les bouviers font ferrer les attelages employés à des charrois fréquents hors de la ferme. Cette précaution est nécessitée par la nature des routes et de beaucoup de voies de communication rurales sur lesquelles on répand une grave plus ou moins grossière qui userait très-rapidement le pied le plus solide. Les animaux qui ne sortent pas de l'exploitation ne sont point ferrés, ou bien on les ferre seulement lorsqu'on opère, dans des champs assez éloignés du corps de la ferme, l'enlèvement du blé en gerbes. C'est, d'ailleurs, le moment des sécheresses et celui où la terre a le plus de dureté.

§ VII. — **Dressage des génisses.** — **Travail des vaches.** — Les pratiques suivies pour le dressage sont encore, à peu de chose près, celles indiquées dans les vieux préceptes du poète-laboureur de Mantoue. Seulement, comme pour la génération, on devance l'âge ainsi fixé par Virgile :

> L'âge soit de l'hymen, soit du travail des champs,
> Après quatre ans commence et cesse avant dix ans.

On commence à dresser les génisses à vingt mois, pour les faire travailler à deux ans. Le dressage s'effectue aisément. On les habitue d'abord à marcher sous le joug réunies avec une vieille vache ou avec un bœuf. Au bout de quelques jours, quand cette habitude est prise, on accouple deux génisses et on les fait promener ensemble. Puis le jeune attelage, mis à la charrue et un guide au devant, exécute un léger travail, pendant une heure ou deux, sur un terrain meuble récemment labouré.

Plus tard, le travail est réglé. D'une allure plus vive que les bœufs, malgré leur état presque permanent de gestation , les vaches font rapidement la besogne. En voici la distribution : on panse avant le jour et on part pour les champs à l'aurore ; l'attelée dure jusqu'à dix ou onze heures, suivant la saison. Plus la chaleur est forte, plus tôt le labour se termine. On donne à manger en dételant. Hors l'époque des semailles et des labours pressants, où les bêtes restent au joug toute la journée, il y a rarement une seconde attelée. Seulement, comme nous l'avons dit plus haut, au temps du battage du blé, les animaux qui ont labouré le matin traînent le rouleau à midi jusqu'à deux ou trois heures. Ce double labeur, joint à l'influence d'un soleil brûlant et à l'action des insectes, rend la tâche extrêmement pénible. On a besoin, alors, de délier de meilleure heure, le matin, afin que les bêtes aient le temps de manger et de ruminer un peu avant d'être mises sur l'aire. Le soir, vers quatre ou cinq heures, on mène au pacage, tantôt sur une prairie naturelle faisant ordinairement partie de toute exploitation, tantôt sur un champ de plantes légumineuses. Quand les vaches ne labourent pas le matin, on les envoie passer deux heures à la prairie avec les bêtes de croît. Dans ce cas, le repas à l'étable se fait après le pacage , et la crèche est garnie plus ou moins , suivant l'abondance de l'herbe que les animaux trouvent au paturage.

Les bouviers ont l'habitude, quand ils reviennent du labour, de présenter immédiatement du fourrage au bétail. C'est une chose fâcheuse ; il arrive très-souvent que les animaux n'ayant pas pu ruminer le repas du matin pendant l'attelée, refusent le fourrage qui leur est offert. Les laboureurs font, alors , preuve d'une sollicitude réelle , mais inintelligente et intempestive ; ils les font boire et leur donnent des aliments d'une autre espèce ou plus appétissants. Les animaux sont, ainsi, engagés à manger ; mais, la rumination ne s'étant pas effectuée, les organes digestifs se fatiguent outre mesure, la digestion peut se trouver suspendue, et la même cause se renouvelant tous les jours, les accidents, passagers d'abord et inappréciables, peuvent à la longue acquérir de l'intensité et devenir funestes. Il faudrait donc, au retour de 'attelée, ne donner le repas qu'après une heure au moins de repos, et alors que la rumination aurait eu le temps de s'accomplir sans obstacle.

Contrairement au précepte virgilien :

Dès que son sein grossit, tous nos soins lui sont dus,
Et le soc et le char lui seront défendus;

On ne laisse point la vache portière au repos avant la mise-bas. Elle vêle, parfois, dans le sillon qu'elle creuse et souvent le jour même où elle a labouré. Trois jours après le vêlage, elle reprend son travail, à moins que le mauvais temps ou des accidents ne s'y opposent.

Une paire de vaches laboure par jour, en moyenne, 22 ares. Ce travail vaut 5 fr., y compris le salaire du bouvier. Dans l'année, le nombre moyen de journées de labour est de deux cents, depuis mai jusqu'en novembre inclusivement.

§ VIII. — **Produits.** — **Elevage.** — Une vache de trois ans, mettant bas pour la première fois, donne un fruit d'une valeur inférieure aux produits des portées subséquentes. Il ne se vend pas plus de 60 à 65 fr. En règle générale, les vaches sont livrées à la reproduction jusqu'à l'âge de douze à quatorze ans, rarement jusqu'à quinze ans. Dans ce laps de temps elles donnent, en tenant compte des accidents et des années où elles peuvent être saillies infructueusement, de neuf à dix veaux au moins ; 80 fr. est le prix moyen de ceux-ci à deux mois et demi ou trois mois ; on ne dépasse pas cet âge pour les livrer au boucher.

Une vache, au premier vêlage, vaut ordinairement 300 fr.

A douze ou quatorze ans, elle se vend, maigre, 120 fr. ou 130 fr., et, en bon état de chair, de 180 à 200 fr.

On fait assez rarement une spéculation spéciale de la production des veaux de boucherie. On a soin, par exemple, de garder les meilleures vêles pour remplacer les vaches quand celles-ci ont atteint l'âge d'être réformées. Les vêles médiocres et promettant peu vont à la boucherie. Il en est ainsi de la majorité des mâles : ceux que l'on conserve sont destinés soit à être élevés pour attelages, soit à être présentés aux concours cantonaux et servir à la reproduction jusqu'à trente mois ; ceux-ci sont toujours choisis avec le plus grand soin. On remarque notamment ceux qui croissent rapidement, qui ont le corps long, les membres forts, les articulations larges, la tête courte, la côte relevée et la croupe large. Cette dernière qualité est surtout fort recherchée pour les jeunes femelles.

Quant aux autres veaux mâles, on leur laisse les organes de la génération jusqu'à quinze mois au plus tard, époque à laquelle on les châtre par la méthode du bistournage. Avant cette opération, ils ont fait quelques saillies ; mais cela se borne aux vaches de la métairie et des propriétés les plus voisines.

Le bistournage, mal réussi ou pratiqué trop tard, laisse, suivant l'expression vulgaire, *un peu de feu* aux animaux ; ceux-ci aiment à sauter sur les vaches en rut : de là des formes masculines prononcées se trahissant, comme chez les vieux étalons, par le développement du train de devant aux dépens de la croupe et des cuisses.

L'élevage des jeunes sujets, depuis le sevrage, s'effectue de différentes manières : tantôt ils restent dans la 'grange où ils sont nés, et à un an on les appareille ; tantôt ils sont achetés à trois mois, ordinairement avant l'hiver, par des agriculteurs qui veulent spéculer sur leur éducation. Ces éleveurs les gardent jusqu'à ce qu'ils trouvent un bénéfice à réaliser ; mais généralement ils les vendent au printemps suivant, après le vert. A cette époque, le prix de ces animaux, qui sont achetés dans les foires pour les appareillages, est aux environs de 150 fr. et toujours au-dessus.

Voici comment opèrent certains éleveurs de bœufs d'attelage :

Sur une propriété de 20 à 25 hectares, ils ont trois paires d'animaux ; un attelage de quatre à cinq ans qui travaille et qui est toujours vendu dans l'année ; une paire de trois ans qui travaille aussi et qui est destinée à remplacer les bœufs précédents ; une paire de deux ans dont on fait le dressage, et enfin un couple de veaux d'un an achetés seulement au moment où l'on vend les premiers bœufs.

Ces propriétaires n'ont point de vaches : ils vendent les bœufs de quatre ans 700 fr. au moins ; ils payent 300 fr. les élèves d'un an, et réalisent une somme de 400 fr. annuellement.

Le dressage des jeunes attelages de bœufs commence comme pour les génisses et est dirigé de la même manière. Quant au travail, comme les agriculteurs, en général, élèvent les bœufs pour les vendre, ils les ménagent beaucoup et les tiennent constamment en bon état et prêts pour la vente.

§ IX. — Régime. — Ressources alimentaires. — Les cultivateurs distribuent les aliments à vue d'œil, mais avec un grand soin et une grande économie. Le bottelage n'étant point usité, les rations ne sont pas fixées d'avance, et on les fait varier selon les nécessités commandées par l'allaitement, le travail et la saison. La fixation des rations n'a, par conséquent, d'autre guide qu'une grande habitude chez les bouviers. Il est donc assez difficile de donner des indications précises sur la consommation d'une bête dans l'année et, par suite, sur le prix de revient, en moyenne, par chaque année et par tête de bétail pour l'éleveur. On ne saurait établir sur ce point que des évaluations approximatives. Des renseignements pris chez plusieurs agriculteurs nous autoriseraient à penser qu'une vache qui travaille et qui produit consomme par jour, l'un dans l'autre, en fourrages de diverse nature et autres aliments, pour une valeur de 75 centimes, et dans l'année pour 274 fr. 75 c.

En partant de ces données, on peut arriver à une évaluation voisine de la vérité sur le prix de revient des élèves. Le bétail consommant différemment, suivant l'âge et suivant qu'il travaille ou non, ce prix de revient jusqu'à l'âge adulte varie beaucoup annuellement. — La première année, après les quatre mois d'allaitement, le jeune sujet consomme en fourrages verts ou secs, son ou paille, sans compter le pacage, pour une valeur approximative de 20 centimes par jour; ce qui fait, pendant huit mois ou deux cent quarante jours, 48 francs. — Pendant la seconde année, le prix de la nourriture peut s'élever à 90 fr., pour une consommation quotidienne de 25 c. pendant trois cent soixante-cinq jours. Jusqu'à deux ans l'élevage d'un veau coûte donc 138 francs, d'où il faut défalquer le fumier produit. Or à cet âge ce veau se vend de 150 à 200 francs. Pendant la troisième année, le travail, devenant régulier, commence à nécessiter une alimentation plus coûteuse, mais aussi plus profitable. A la ration d'entretien, suffisante jusqu'ici, vient s'ajouter la ration de production. Alors on peut presque assimiler la consommation à celle des bêtes adultes.

La succession des fourrages des prairies temporaires a lieu d'une manière assez rationnelle. Les cultures fourragères sont échelonnées de façon à pouvoir être données en vert, si la température n'y met pas obstacle, depuis le 15 mars jusqu'au milieu de novembre.

Voici comment sont répartis les divers fourrages dans cet intervalle de huit mois :

Du 15 mars au 15 avril, on fait consommer, fauchée en herbe et mélangée ou hachée avec de la paille, une céréale précoce semée en octobre sur un sol bien fumé et fournissant, à la sortie de l'hiver, un fourrage nutritif, abondant et sain, le Seigle.

Du 15 avril au 1er mai, on coupe avant la sortie de l'épi et on administre de la même manière l'Orge qu'on a eu soin de semer tardivement, en novembre, et à différents intervalles.

Du 1er mai au 15 juin, les précédents fourrages sont remplacés par le Trèfle incarnat, qui, ainsi que l'a dit avec raison M. Martegoutte,[1] forme l'une des bases de l'alimentation des bêtes bovines, et qui, employé à l'état vert ou à l'état sec, est regardé par les habiles éleveurs du pays comme le fondement de la prospérité de leurs étables. Pour avoir ainsi pendant un mois et demi ce fourrage, qui entre autres avantages possède l'inappréciable qualité de ne pas météoriser les bestiaux, on sème la graine en différentes fois, à quelques jours de distance, vers la fin d'août et au commencement de septembre, après le Blé et sur un seul labour. Coupé et fané avant la pleine floraison, il se conserve très-bien et constitue un foin excellent.

Du 15 juin au 15 août, on substitue au Trèfle incarnat un mélange de Vesces et d'Avoine dont on s'est ménagé différentes coupes par des semis convenablement pratiqués. Ce fourrage, jeté, en mars et avril, sur les guérets préparés, est consommé

---

[1] *Journal d'Agriculture pratique*, 1848, page 152.

avec un grand avantage pendant les plus fortes chaleurs ; il est très-rafraichissant.

Vers le 15 août arrive le Maïs, très-bon fourrage, très-répandu, qui constitue une ressource inestimable jusqu'au 12 novembre. On le sème, au printemps, sur le terrain même dont on a déjà tiré le Seigle et l'Orge. On calcule que 11 ares semés en Maïs contribuent à la nourriture d'une paire de vaches pendant deux mois. Cette récolte vaut de 15 à 18 francs. C'est un aliment économique et bon. On utilise également les feuilles et les panicules du Millet cultivé en grand. Si l'abondance des fourrages permet d'économiser cette ressource, on conserve pour l'hiver ces panicules et ces feuilles auxquelles on ajoute les dépouilles des autres parties de cette graminée. Mais la saison d'été est souvent difficile à traverser. Tous les fourrages sont desséchés. Le seul que ne brûlent pas les ardentes influences du soleil méridional, c'est la Luzerne. Le Maïs lui-même manque en grande partie dans les années de forte sécheresse.

Pendant les quatre mois suivants, on donne au bétail du Trèfle incarnat, du Trèfle de Hollande secs, de la paille et du foin des prairies naturelles cultivées en dehors de l'assolement. La culture des racines fourragères pour l'hiver est, avons-nous dit, trop peu répandue ; elle fournirait le moyen de faire consommer des aliments toujours tendres : on obtiendrait une plus grande quantité de fumier, et la transition de la nourriture verte de l'été à l'alimentation sèche de la morte-saison, et réciproquement, ne s'effectuerait pas d'une manière aussi brusque.

En constatant l'intelligence et l'économie qui président à la répartition des ressources alimentaires et l'aménagement des cultures fourragères, on ne peut s'empêcher de signaler la tendance qu'ont les agriculteurs à introduire habilement et le plus possible, au moyen de mélanges variés, la paille dans la nourriture des animaux. « Que cette paille, a dit M. Martegoutte dans l'article déjà cité, n'aille point effaroucher les nourrisseurs du Nord ; elle a, dans le Midi, des qualités qu'ils ignorent et qu'un soleil moins généreux leur refuse. » On moissonne à la faucille, et la hauteur des tiges du Blé permet de les couper vers le milieu. De la sorte, la partie la plus nutritive de la paille, celle qui touche le grain , la plus chargée de principes azotés, accompagne l'épi, passe sous le rouleau et est donnée au bétail. La partie inférieure, presque tout à fait dépouillée de principes alibiles, reste sur le sol, constitue le chaume et est fauchée pour servir de litière; rarement elle est brûlée sur place.

On fait consommer également, pendant l'hiver, la paille de Haricots, les tiges et les débris des Fèves, les purges du Blé, les mélanges de paille et de feuilles d'arbres, d'Ormeau généralement, récoltés au mois d'août et séchés au soleil. Aux jours de travail, les bêtes pleines ou nourrices reçoivent quelques rations de son ; celles qui ne travaillent pas, insuffisamment nourries , maigrissent quelquefois beaucoup.

V

§ Ier — De l'engraissement dans la race garonnaise. — Depuis l'institution du concours de bestiaux gras de Poissy, depuis la création successive des concours régionaux de Lyon, Bordeaux, Lille, etc., la question de l'engraissement du bétail est très-sérieusement étudiée en raison de son importance au point de vue des intérêts agricoles et de l'économie politique. L'engraissement n'est compatible qu'avec une agriculture avancée ; il suffit d'en citer pour preuve l'Angleterre, où l'on a créé des races exclusivement propres à la boucherie et où les races ont acquis un étonnant degré de perfection. Les agriculteurs peuvent se livrer à cette spéculation seulement dans le pays où l'espèce bovine est nombreuse et suffisamment améliorée. La question de l'engraissement se lie donc intimement à celle de l'amélioration et de la multiplication du bétail : double résultat qu'on ne saurait trop s'efforcer d'atteindre.

Sans nous engager dans une comparaison avec l'Angleterre, où la statistique compte dix millions de bêtes bovines, où chaque individu consomme annuellement 200 kilog. de viande, et la France, où le nombre des bovines s'élève seulement à sept millions et où l'on ne consomme que 40 kilog. de viande par tête ; sans rechercher si ces différences ne sont pas des nécessités locales, commandées par le sol, par le climat, par le besoin des populations, nous constaterons l'intérêt qu'on attache, de nos jours, au problème de la viande à bon marché, et combien les tendances administratives, sous ce rapport, trahissent une louable sollicitude. En publiant le compte-rendu des concours régionaux; en provoquant la mise à l'engrais d'animaux jeunes, pour en jeter, dans un temps donné, un nombre plus considérable dans la consommation et pour hâter leur multiplication ; en stimulant le zèle des agriculteurs par des primes élevées, en signalant les noms des lauréats, en faisant connaître le rendement des animaux primés, l'administration fait tout ce qu'il lui est possible de faire ; elle rend compte des résultats : c'est aux éleveurs à faire connaître les moyens, c'est-à-dire l'histoire de l'engraissement même. Tout document se rattachant à cette histoire aura le mérite de l'opportunité.

Voici donc quelques observations à ce sujet se rattachant spécialement à la race bovine dont nous faisons l'histoire et recueillies dans la vallée de la Garonne, où l'industrie de l'engraissement est l'objet d'importantes spéculations.

§ II. — **Aptitude de cette race à l'engraissement.** — Si les qualités laitières de la race garonnaise sont peu développées, si pour la résistance au travail elle ne peut égaler certaines races voisines, elle tient et elle mérite une place distinguée parmi les familles de bétail les plus propres à l'engraissement.

Après avoir assigné aux bœufs garonnais la première place parmi toutes les bêtes bovines du midi de la France,[1] Lafore affirme qu'ils « s'engraissent facilement, avec très-peu d'augmentation dans la nourriture et souvent en continuant de travailler ;[2] ils peuvent aussi s'engraisser à trois ou quatre ans, et à l'âge de neuf à dix ans, après avoir rendu de grands services à l'agriculture, ils s'engraissent bien, donnent d'excellente viande et beaucoup de suif. »

Les appréciations des autres observateurs corroborent ces assertions. M. de Dampierre dit que les bœufs de la race ga-

---

[1] *Guide de l'Éleveur des bêtes à cornes*, page 15.
[2] *Traité des maladies des grands ruminants*, page 40.

ronnaise sont excellents pour la boucherie, qu'ils atteignent le poids de 1,100 à 1,200 kilog., poids vivant ; que, dans les concours de boucherie de Bordeaux, ils luttent avec des animaux de la race pure de Durham et de la race durham-normande. Le rapport officiel sur le concours de 1850, par M. Lefour, inspecteur général de l'agriculture, constate ce fait.[1] M. de Dampierre signale, en outre, la finesse du grain de leur chair parfaitement marbrée, leur suif doré, et cette circonstance que, « bien qu'on ne livre, d'ordinaire, les bœufs à la boucherie qu'à l'âge de six à huit ans, on peut cependant leur faire atteindre un haut poids à un âge beaucoup moins avancé.[2] » Il cite comme preuve à l'appui le rendement des deux bœufs de trois ans dix mois qui ont obtenu les premières primes en 1850 au concours de Bordeaux. Encore ce rendement n'est-il pas ce qu'il devait être, à cause de l'usage des bouchers de promener ordinairement par la ville les animaux gras pendant deux ou trois jours avant de les abattre. Un exemple frappant de ce fait, dit le compte-rendu plus haut cité, est fourni par le jeune bœuf qui a obtenu la première prime de la première classe. Venu en bateau de Tonneins, il pesait, au départ de cette ville, le 1er février, 825 kilog. ; pesé avant d'être abattu, le 8 février, son poids n'était plus que de 674 kilog. : différence, 151 kilog.

Des rendements dont nous donnons ci-dessous quelques exemples, on tirera la conclusion formulée par M. Petit-Laffitte, professeur d'agriculture à Bordeaux, à savoir que l'engraissement précoce peut se faire dans la vallée de la Garonne, et que les sujets pour cet engraissement peuvent être demandés directement et immédiatement à la race *garonnaise*.[3]

---

[1] *Compte-rendu des Concours de boucherie en 1850*, page 7.
[2] *Journal d'Agriculture pratique*, 3e série, tome III, page 79.
[3] *Annales de la Société d'Agriculture de la Gironde*, 1851.

NOM DE L'ENGRAISSEUR.	M. MÉRIC (Tonneins).	M. DUMERC (Puybarban).	M. PERPEZAT (Meilhan).
AGE.	3 ANS 10 MOIS.	3 ANS 11 mois.	8 ANS.
Époque du Concours.	**1850.**	**1850.**	**1851.**
Poids vif à l'abattoir.	674 k	1,088 k	1,380 k
Poids des quatre quartiers seuls.	424	683	897
Proportion des quatre quartiers au poids vif..	62 91 p. %	68 78 p. %	65
Poids du suif	55	81	132 (¹)
Proportion du suif aux quartiers seuls. . . .	12 96 p. %	13 19 p. %	14.715
Poids du cuir.	53 50 p. %	68	64,5
Proportion du cuir aux quartiers..	12 83 p. %	10 p. %	7,190

(¹) Dans ce suif n'est pas compris celui tenant aux intestins , qui est abandonné aux tripiers , 10 p. %.

Le sujet de la troisième colonne, remarquable par sa conformation, par son degré d'engraissement et par son poids rarement atteint dans le pays, avait donné les mesures suivantes :

Taille..........................		1^m, 62
Circonférence du thorax.	circulaire..	2^m, 86
	oblique....	3^m, 06
Largeur des hanches................		0^m, 75
Longueur de la hanche à la queue......		0^m, 70
Longueur totale de la hanche.........		0^m, 56
Grosseur de l'avant-bras.............		0^m, 56
Grosseur du canon...................		0^m, 37
Longueur de la nuque à la queue.......		2^m, 57

On cite ces exemples pour montrer, selon le but indiqué par la création des concours régionaux de bestiaux gras, jusqu'où peut arriver une race donnée en précocité et en aptitude à l'engraissement. Mais, choisis par des nourrisseurs habiles sur un très-grand nombre de sujets, ces bœufs se préparent en vue d'une destination pour laquelle on ne regrette ni soins ni dépenses : ils pourraient donc, à la rigueur, passer pour des exceptions, et l'on pourrait en conclure que la race garonnaise ne saurait donner, en majorité, des produits semblables. D'ailleurs, ce ne serait pas l'intérêt des engraisseurs de préparer de cette manière tous les bœufs de boucherie. Au surplus, s'il y a des sujets excellents sous le rapport de l'engraissement, la race n'est pas exempte de défauts à ce point de vue. Nous avons parlé du resserrement de la côte en arrière de l'épaule et de l'amincissement des muscles des cuisses attribué au bistournage.

§ III. — **Influence de l'âge sur la promptitude de l'engraissement, les qualités de la viande, les bénéfices.** — Les engraisseurs de la Garonne ont constaté les faits suivants : les bœufs jeunes de quatre à cinq ans s'engraissent plus vite, mieux, et donnent une viande peut-être meilleure que ceux de huit ans. Ceux-ci exigent une dépense presque double, puisqu'ils mettent six mois à réaliser ce qu'un jeune réalise dans trois mois. On serait, par là, disposé à conclure que les bénéfices sont plus considérables avec les jeunes. Il n'en est point ainsi cependant. Les jeunes bœufs ont moins de suif que les bœufs âgés. De ces derniers on en retire de 200 à 230 demi-kilogrammes, et des jeunes de 80 à 120 seulement, c'est-à-dire moitié moins. Cela produit une différence très-notable dans les prix payés par les bouchers. Ils achètent un vieux bœuf à raison de 60 centimes le demi-kilogramme, poids vif, et un jeune 40 ou 45 seulement. Les bouchers invoquent en faveur de ce rabais le déficit qu'ils trouvent dans la proportion du suif, et puis, comme l'habitude n'est pas encore d'engraisser les animaux jeunes, ils trouvent à dire que leur viande est de moins bonne qualité.

De plus, en raison de la facilité qu'ont les éleveurs de vendre pour le travail les animaux jeunes, ceux-ci coûtent plus cher d'achat aux engraisseurs. Un jeune sujet de trois à quatre ans, pesant 450 kilogrammes, coûtera 500 francs, tandis qu'un bœuf de sept à huit ans, du poids de 450 à 500 kilogrammes, coûtera de 300 à 400 francs seulement.

Voilà pourquoi on n'engraisse, en fait d'animaux jeunes, que les bœufs préparés en vue des concours de bestiaux gras.

§ IV. — **Choix des bœufs d'engrais.** — La manière de choisir les bœufs à engraisser est, avec raison, d'après les hommes du métier, une chose capitale; de là dépend, en grande partie, le succès de l'opération. Ils trouvent les indications pour le choix des sujets dans les manipulations de la peau et dans la conformation générale. Ils recherchent la souplesse du tissu cutané sur toutes les parties du corps, le moins de fanon que possible sous la tête et au haut du cou. Le grand développement de cette partie annonce des bœufs de mauvaise qualité. Ils demandent encore une conformation harmonieuse, un rein droit, large, une culotte bien descendue, beaucoup d'écartement dans les membres antérieurs. — La corne fournit un indice rarement trompeur, ajoutent-ils; la corne fine fait la qualité fine. Les bœufs de la basse plaine ont la corne trop grosse; il ne faut pas les préférer.

Ces observations sont justes. La finesse de la corne est plus qu'un indice de la possibilité d'un engraissement facile; c'est un caractère physiologique des races de bestiaux chez lesquelles la nutrition s'accomplit de la manière la plus profitable. Un exemple frappant de cette vérité nous est fourni par la plus célèbre race de boucherie, la race anglaise de Durham. On l'a désignée sous le nom caractéristique de courte-corne. Plusieurs faits démontrent la liaison remarquée entre la fonction de la nutrition et les dimensions de ces appendices. Dans une même race bovine, les animaux élevés sur un sol bas, formé d'alluvions, où les fourrages sont grossiers, peu nutritifs sous un grand volume, ont la corne forte, écailleuse, mal attachée, comme abaissée sous son propre poids, tandis que les sujets nourris sur les terrains élevés, calcaires, trouvant des aliments plus alibiles sous un moindre volume, ont la corne fine, lisse et bien placée. Il suffit, pour constater cette différence, de comparer le bétail des vallées marécageuses avec celui des hautes plaines; nous en avons un exemple dans les deux variétés de bœufs garonnais. Par une induction rationnelle, on peut affirmer que les animaux mal nourris dans leur jeunesse auront toujours la corne moins fine, moins *verte*, comme on le dit vulgairement, que ceux dont l'alimentation a été copieuse et saine.

Ainsi la conséquence d'une nutrition incomplète est une souffrance dont le principe remonte à cette fonction. Ainsi les animaux chez lesquels on observe le volume et la dureté des cornes, la rudesse du poil, l'épatement des onglons, ont souffert ou mieux ont *pâti*. Nous nous servons, à dessein, de cette expression, dont l'étymologie est bien connue et qui peint mieux notre pensée. Que l'organisme pâtisse sous l'influence de toute autre cause, les mêmes effets se manifestent. Une longue maladie chez l'homme rend les ongles cassants et les cheveux rudes, ce caractère est remarquable chez les fiévreux ; tandis que des ongles fins, vermeils et des cheveux soyeux accompagnent une bonne santé. Une altération profonde, la carie par exemple, existant sur un os, la région à laquelle appartient cet os se couvrira de poils longs et rudes. Un traitement rationnel vient-il à triompher du mal, aussitôt les poils disparaissent. Ce phénomène est surtout sensible chez les femmes.

Qu'on nous pardonne cette digression, elle se rattache au

sujet en démontrant que les exemples ne manquent pas pour justifier la liaison mystérieuse existant entre les divers produits
des sécrétions cutanées et la nutrition, et pour légitimer la jus-
tesse de l'observation des engraisseurs.

Partant du principe posé relativement à la finesse de la corne
et de la comparaison qu'ils établissent, sous ce rapport, entre
les bœufs garonnais du coteau et les garonnais de la basse
plaine, ils conseillent de ne pas donner la préférence à ces derniers. Ils prennent la graisse moins vite ; ils sont, suivant leur
expression, trop *gros d'os*. Les bouchers trouvent, d'ailleurs,
que la viande des veaux des parties les plus basses de la plaine
de la Garonne est de qualité inférieure.

Pourquoi cette différence entre des animaux nés si près les uns
des autres ? Sans doute, il serait intéressant de chercher la
réponse à cette question ; mais combien d'autres questions ne
faudrait-il pas aborder ? Ne faudrait-il pas savoir, en effet, pourquoi les foins recueillis sur la côte sont plus aromatiques, plus
nutritifs que ceux des plaines ; pourquoi les froments sont plus
lourds, les vins plus généreux ; pourquoi certaines plantes mé-
dicinales de la plaine sont des médicaments inertes, et pourquoi
les mêmes plantes ramassées sur le coteau sont très-actives ; pourquoi enfin, dans les froides matinées, un épais brouillard inonde
la plaine, tandis que le soleil visite le coteau ?

Le choix des animaux d'engrais, constatent encore les nourrisseurs, ne doit pas porter sur les bœufs trop vieux. Il est
rare, d'ailleurs, qu'on laisse beaucoup vieillir les garonnais.
Cela peut arriver quelquefois pour certaines bêtes qu'on regrette
ou qu'on néglige de vendre. On profite de leur travail sans se
rendre compte qu'elles vieillissent ; puis leur vente devient impossible ou s'effectuerait à vil prix. On prend alors le parti de
les refaire afin d'en avoir un débit moins désavantageux. Mais
ces animaux sont maigres, il faut les bien nourrir pour les
mettre en chair ; la préparation de tels sujets est longue, la
dépense considérable et le prix de vente ne la couvre jamais.

Ce n'est pas non plus une bonne spéculation d'acheter des
animaux maigres, quel que soit leur âge, quand on veut pousser
un peu loin l'engraissement. Il faut laisser les bœufs maigres

aux personnes qui les réparent tout en les faisant travailler et qui les vendent ensuite aux nourrisseurs.

§ V. — **Mode d'engraissement.** — Des trois modes d'engraissement, la *pouture*, la *pâture* et l'engraissement mixte, le premier est seul en usage pour la race garonnaise. La méthode mixte, cependant, s'emploie quelquefois, mais seulement dans quelques localités très-abondantes en fourrages des bords de la Garonne et au début de l'engraissement. Alors les animaux sont conduits au pâturage tout en recevant un supplément de nourriture à l'étable.

Généralement, on ne commence guère à engraisser les animaux, sauf les sujets destinés à concourir, avant l'âge de huit à dix ans. Cet âge est toujours dépassé pour les vaches, à moins qu'une circonstance particulière, la stérilité, par exemple, n'oblige à les livrer plus tôt à la consommation. On met quelquefois en chair, afin de les vendre pour la boucherie, des bœufs plus jeunes ; tels sont certains attelages dont on a manqué la vente aux foires du printemps. Pour ceux-ci on commence à les nourrir vers le mois de juillet ou d'août. A l'époque des semailles, ils servent au labour, mais fort peu. Voici leur régime alimentaire : farine du premier Seigle dépiqué ; Fèves moulues ou trempées ; Maïs en vert, depuis juillet jusqu'en octobre, époque où débute le régime d'hiver, c'est-à-dire la farine de Maïs, les Betteraves, le pain de Lin, le Foin. La vente a lieu en février. La préparation a duré six mois environ. Ces bœufs ont fait quelque travail dans ce laps de temps ; leur valeur, au moment de la mise à l'engrais, était, en moyenne, de 550 fr. la paire ; ils se vendent 800 fr., 900 fr., jusqu'à 1,200 fr.

Le mode d'alimentation dont il vient d'être question n'est pas invariablement suivi, cela se devine, et nous allons signaler quelques différences.

A partir de Meilhan et en descendant la Garonne, dans plusieurs localités de la Gironde, où l'on prépare beaucoup de bœufs pour la boucherie de Bordeaux, sont engraissées des bêtes de tout âge, et les nourrisseurs de cette riche contrée n'hésitent pas à consacrer des sommes assez élevées à l'acquisition de bœufs de cinq à six ans. Ils arrivent jusqu'au maximum du prix d'achat pour le travail. C'est, toutefois, assez rare, et il faut des cas exceptionnels, comme l'appât des primes. Des agriculteurs nous ont avoué ne rien gagner à ces sortes de spéculations que le fumier évalué par eux à 100 fr. par tête. Sans le fumier, beaucoup peut-être reculeraient devant les frais de l'engraissement. Cela s'explique dans un pays où la haute fertilité d'un sol, sans cesse recouvert de récoltes épuisantes, a besoin d'être entretenue par d'abondantes fumures, et tout le monde connait la valeur du fumier produit par les bêtes d'engrais.

Chez les éleveurs, la nourriture consiste en feuilles d'Ormeau et fourrages de Maïs à discrétion, son fin, pain de Lin, farine de Seigle, foin de prairies naturelles. La quantité de son ou de farine varie de 3 à 6 kilog. par repas et par tête ; celle du pain de Lin est de 7 kilog. $\frac{1}{2}$ par jour. Cette dernière substance est ordinairement coupée à très-petits morceaux et ramollie d'un repas à l'autre dans l'eau froide. La farine et le son se donnent secs ou légèrement humectés, ou encore mêlés avec le pain de Lin dans l'eau.

Les besoins de la consommation étant incessants, l'engraissement s'effectue dans toutes les saisons de l'année. Pendant le printemps et l'été, à partir du mois de mai, les bœufs sont nourris avec de la Jarousse et le Trèfle en vert ; puis viennent les tiges du Maïs cultivé pour le grain. On arrache, pour les faire consommer, les pieds qui sont de trop. Le Maïs pour fourrage est semé clair ; il vient beaucoup d'épis que l'on coupe en morceaux et que l'on administre en les mélangeant avec du son sec. La feuille d'Ormeau constitue une ressource précieuse ; elle surpasse tous les fourrages, disent les nourrisseurs : on en donne un sac au moins par repas et par paire.

§ VI. — **Dépenses et résultats.** — Une note que nous communiqua en 1854 un habile engraisseur de Tonneins, M. Méric jeune, contient les renseignements suivants sur l'évaluation des dépenses à faire pour l'engraissement et sur les bénéfices.

Les bœufs à engraisser sont achetés dans le mois de juillet. C'est le moment où ils sont à meilleur marché. Deux animaux en chair, du poids de 700 kilogrammes chaque, coûtent 550 fr. On les panse pendant trois mois et on les vend 800 fr. Le déboursé en frais de nourriture, sans compter le foin et les racines fourragères qui sont considérés comme payés par le fumier, s'élève actuellement à 94 francs pour les deux bœufs, savoir :

Le premier mois, son et farineux.		15 fr.
Le second mois, son farineux et tourteaux.		32
Le troisième mois, { son et farineux.		15
{ tourteaux. . . .		32
Total.		94

En ajoutant cette dépense aux 550 francs, prix d'achat, ce qui fait 644 francs, et en retranchant cette somme du prix de vente de 800 fr., on trouve 156 fr., bénéfice de l'engraisseur.

Voici d'autres indications prises chez un fermier qui engraisse invariablement huit bœufs à la fois chaque année. Ces bœufs ont déjà passé quatre ou cinq ans dans son exploitation, servant au labour et aux divers travaux de la ferme. Il ne les laisse pas vieillir chez lui et ne vend pas. Depuis longtemps, il fait la spéculation de préparer annuellement pour la boucherie les huit animaux les plus âgés de ses attelages, et il les remplace par huit bœufs jeunes. L'âge des bêtes mises à l'engrais est de huit à neuf ans. Elles cessent tout travail après les semailles d'automne, vers le 15 décembre. La vente a lieu le 15 avril. La durée de l'engraissement est donc de cent dix-huit jours.

Tout ce qui est relatif à l'opération se trouve résumé dans les tableaux suivants :

INDICATIONS	PRIX MOYEN		Produit en fumier.	TOTAL du prix de la vente et du produit en fumier.	DÉPENSE.		TOTAL de la dépense ajouté à la valeur estimative avant l'engraissement.	Différence (en faveur de l'opération) de ce total et de celui du prix de vente, plus le fumier.
	Avant l'engraissement.	Après l'engraissement.			Nourriture.	Paille pour litière.		
Par bœuf.	189 »	395 75	40 »	455 75	157 99	10 »	556 99	96 76
Par paire.	378 »	587 50	80 »	867 50	275 98	20 »	675 98	195 52
Le groupe.	1,512 »	5,150 »	320 »	5,470 »	1,105 91	80 »	2,695 91	774 09

Rations des bœufs à l'engrais par tête.

INDICATIONS.	Du 15 décemb. au 1er janvier.	Du 1er janvier au 31.	Du 1er février au 28.	Du 1er mars à la fin de l'engraissement.
Betteraves..............	20 kilogram.	20 kilogram.	20 kilogram.	15 kilogram.
Pains de Lin............	2 ½ kilogr.	2 ½ kilogr.	3 ¾ kilogr.	3 ¾ kilogr.
Fourrages (Trèfle, Luzerne, Foin, etc.).....	12 ½ kilogr.	10 kilogr.	8 kilogr.	8 kilogr.
Farine, Fèves, Son......	»	10 litres.	12 ½ litres.	14 ½ litres.

Estimation de la nourriture par paire.

INDICATIONS.	Betteraves.	Pains de Lin.	Fourrages.	Fèves.	Son.	Farine de Maïs.	TOTAL.
Quantité consommée.	»	68 ¾ pains.	1,250 ᵏ	6,50 ᵏ	13,10 ᵏ	6,50 ᵏ	»
Valeur	»	0,75 l'un	2 25 les 50 kilog.	7 50 l'un	2 15 l'un	7 50 l'un	»
Totaux........	42 37	51 20	56 25	48 75	28 16	48 75	275 98

Dans la dépense ne sont compris ni le loyer des étables ni les journées d'homme. L'engraissement se fait par des maîtres valets à une époque où les travaux chôment et où ceux qu'il faut exécuter peuvent être menés de front avec l'engraissage. Quant aux locaux, on ne pourrait pas les utiliser à autre chose.

Les betteraves recueillies sur un espace donné de terrain sont estimées d'après l'évaluation d'une récolte supposée en maïs vendue 170 francs. Les huit bœufs consomment donc pour 170 francs de betteraves ou 42 francs environ par paire.

§ VII. — **Pratique de l'engraissement.** — Un grand soin est nécessaire pour administrer les rations. Il faut aux engraisseurs l'habitude et le talent d'observation. L'un d'eux nous a assuré qu'il tenait compte des goûts des animaux, et que, sous peine d'insuccès, il fallait préparer leur nourriture suivant ces goûts, et obéir, pour ainsi dire, aux caprices de leur estomac. Ainsi, on observera si les bœufs préfèrent la ration de tourteaux et de son sèche à cette ration légèrement humectée ; s'ils mangent mieux les racines cuites que crues ; s'ils s'accommodent davantage des aliments chauds que froids. C'est presque une étude nouvelle à faire pour chaque paire de bœufs qu'on engraisse et pour chaque individu d'une même paire.

Le même praticien dont le nom est cité plus haut a constaté que les aliments cuits rendent la viande plus entrelardée de graisse, plus tendre, plus savoureuse, et donnent aux animaux une meilleure apparence, ce qui les fait préférer par les bouchers. On sait que les substances modifiées par la cuisson subissent plus rapidement la chymification et sont plus aisément assimilées. Données chaudes surtout, elles poussent beaucoup à la peau en activant la transpiration.

Une autre observation faite par les engraisseurs, c'est que l'engraissement ne s'effectue pas, comme on pourrait le croire, d'une manière insensible et générale, c'est-à-dire en intéressant en même temps toutes les parties du corps. Les dépôts de graisse choisissent leur place et affectent d'intéresser tel ou tel point de l'organisme. Ainsi, chez les attelages de bœufs que les agriculteurs mettent en chair en les faisant travailler, les dépôts de graisse commencent à se manifester sur chaque animal à la région du flanc et seulement du côté qui se trouve en rapport avec l'autre bœuf. Est-ce parce que cette région est plus abritée et que l'atmosphère tiède formée par la transpiration insensible se conserve là plus longtemps et se communique même d'un animal de l'attelage à l'autre ? C'est probable. De même chez le bœuf nourri à l'étable, la graisse s'accumule du côté sur lequel l'animal se couche ordinairement.

Les engraisseurs soigneux considèrent comme une chose indispensable d'entretenir dans toute leur intégrité les fonctions de la peau par des bouchonnements fréquents qui l'assouplissent et favorisent son extension. La croupe, et surtout le dessus de la queue où la poussière se loge facilement et où elle occasionne de vives démangeaisons, sont brossés et lavés tous les jours, afin d'éviter aux animaux toute cause de souffrance et même d'inquiétude. Soignée de cette manière, cette partie devient le siége d'une protubérance graisseuse qui pare très-bien les bœufs gras.

Autre précaution : on ne souffre pas que personne entre dans l'étable quand les animaux viennent de prendre leur repas et qu'ils sont couchés pour ruminer. On se garde, surtout, de les faire lever dans ce moment, où le moindre dérangement peut interrompre les fonctions digestives. Souvent la rumination s'arrête, et il survient, parfois, des indigestions graves dont le moindre effet est de retarder l'engraissement, et qui peuvent même tromper les espérances de l'engraisseur.

VI

§ 1er. — **Du Commerce des Bêtes bovines dans la vallée de la Garonne.** — Chaque pays, en raison de circonstances, souvent inconnues, se rattachant au sol ou au climat, donne, tout naturellement et avec le plus de succès, des productions qui lui sont propres. En constatant cette vérité, passée depuis longtemps à l'état d'axiome, il serait aisé de la démontrer à l'aide de nombreux exemples. La célébrité acquise à certaines contrées par la nature de leurs vignes précieuses en fournit un des plus frappants. Les plantes diverses ont ainsi leur patrie de prédilection ; témoin, la garance, le houblon qui végètent, la première dans les Alpes, le second en Allemagne, avec des qualités qu'on dit inconnues ailleurs ; témoin, le seigle qui aime tant les sables de la lande aride, et qui, suivant l'expression si juste de Thaer est le plus beau présent que le Ciel ait fait aux pays pauvres ; témoin encore, le prunier d'ente qui semble vouloir ne produire ses fruits suaves avec la même supériorité nulle autre part que dans l'Agenais.

Il en est du règne animal comme des végétaux ;

D'animaux faits par lui chaque pays abonde.

En nous plaçant à ce point de vue, parcourons la vallée de la Garonne. Nous ne serons pas seulement frappés de la fertilité des rives du fleuve. Nous y verrons de plus, après un examen attentif,

que la plante privilégiée qui revient le plus souvent et le mieux,
au gré du sol, sur ces fertiles alluvions, est le froment, et qu'à
côté du froment, comme lui fille de cette terre, de couleur blonde
comme lui, se multiplie vigoureusement une nombreuse famille
de bétail, propre au pays, et portant le nom caractéristique et
spécial, de *race garonnaise*.

Tels sont les deux faits saillants par lesquels le bassin de la
Garonne nous paraît dévoiler la nature de ses produits.

Pour rester dans le second de ces faits, d'irrécusables témoi-
gnages attestent, aux yeux de l'observateur, la facilité et, si j'ose
le dire, la complaisance du sol à produire sa race de bétail : c'est
d'abord son immense supériorité numérique sur les autres
espèces domestiques de l'Agenais. Allez au milieu des champs ;
rarement vous trouverez quelques petits troupeaux de bêtes à
laine ; elles s'en vont devant la division de la propriété, les améliorations agricoles et l'interdiction de la vaine pâture ; rarement
vous verrez dans les prairies des juments suivies de leur fruit ;
mais, à chaque pas, vous rencontrerez, ici, de belles vaches,
moins recherchées pour les produits de leurs mamelles que
pour leur vigueur musculaire, labourant sous le soleil ou brou-
tant, le soir, les pousses renaissantes des champs de trèfle ; là, un
nombreux troupeau de grands bœufs couverts de toiles blanches,
paissant disséminés dans de vastes prairies fraîchement cou-
pées, puis allant, sous la garde d'un enfant, s'abreuver au ruis-
seau voisin ; enfin, plus loin, un magnifique attelage que « le
paysan de la Garonne, à la tête haute, à l'air dégagé, mène en
chantant dans les vignes, dans les maïs.[1] »

§ II. — **Foires.** — **Leur nombre et leur importance.** —
Si l'Agenais produit beaucoup de bétail, et cela résulte des
faits précédents, il est également d'observation que le nombre
des animaux de l'espèce bovine excède les besoins de l'agriculture et de la consommation locale. Aussi les débouchés sont-ils
ouverts de tous les côtés à cette production abondante. Les rendez-vous commerciaux ont une animation peu ordinaire, et s'il
est curieux pour les amateurs du pittoresque d'observer, au

[1] *Journal d'Agriculture*, 1849, page 15.

point de vue des mœurs du pays, la physionomie de ces réu-
nions, il est utile et instructif pour les agronomes d'en connaître le côté positif, et industriel. Le tableau, pour être rustique,
n'en a pas moins son intérêt. Les bouviers, en habit de dimanche,
un long aiguillon à la main, immobiles devant leurs attelages
dont les rangs pressés et irréguliers laissent à peine un passage
libre, attendent les acheteurs. Les bœufs, endimanchés eux
aussi, le cou revêtu d'une large toison blanche, artistement dis-
posée sur une sorte de camail d'osier surmonté d'un plumet
pour les faire paraître plus grands, les reins couverts d'une
simple toile si le temps menace pluie, ruminent paisiblement.
Çà et là on aperçoit des groupes de jeunes veaux que le ciseau du
boucher a déjà marqués d'une croix sur la croupe.

Ces sortes d'exhibitions sont fort nombreuses. Elles n'ont pas
toutes la même importance ni le même objet. Dans les foires
principales des centres de population s'effectuent surtout les
achats pour l'exportation. Le Périgord, le Languedoc et le Quercy
viennent s'y pourvoir de bœufs d'attelage. Les animaux d'engrais vont principalement à Bordeaux ; on en transporte jusqu'à
Paris ; les taureaux reproducteurs sont achetés par plusieurs départements voisins. Les bœufs de travail et de boucherie tiennent le premier rang dans l'exportation. Les vaches jeunes lui
fournissent un contingent assez minime.

Une multitude d'autres foires secondaires se tiennent dans
les petites localités presque uniquement pour le commerce intérieur, pour les échanges auxquels se livrent fréquemment
les métayers. Cette spéculation, car c'en est une, offre des avantages assez fructueux pour que « les propriétaires qui résident
« à portée et qui partagent ce goût, comme l'a fait observer
« M. Martegoutte, entrent avec intérêt et bonheur dans le calcul
« de ces opérations. D'autres ont trouvé un moyen fort aisé
« d'en finir avec ces détails en convenant, avec le métayer,
« d'une redevance par tête ou par bloc de bestiaux. Ce dernier
« devient complétement libre à son tour ; le métayage à cet
« égard est un fermage pur pour tout le monde.[1] »

---

[1] *Journal d'Agriculture pratique*, 1849, page 15.

Le commerce d'intérieur est plus considérable que le commerce d'exportation. Les agriculteurs jugent le premier trois fois plus étendu. Le cinquième, au moins, de la population bovine change de mains annuellement, et se déplace sans sortir du pays, tandis qu'il ne s'en exporte pas plus du seizième. Dans sa statistique bovine de Lot-et-Garonne, M. Bareyre a donné, à ce sujet, des renseignements qui sont l'expression exacte de ce qui se passe : « Peu de granges, dit-il, ne renouvellent pas une partie de leur cheptel dans le courant de l'année; le colon spécule sur la plus ou moins value des bestiaux d'une saison à l'autre; l'exploitation riche en fourrages conserve ses animaux l'hiver; celle où il y a disette les vend après les semailles pour racheter au printemps, époque à laquelle la nourriture est plus abondante et les travaux plus urgents. L'exploitation qui vend à l'entrée de l'hiver perd toujours; celle qui achète gagne constamment, car outre les fumiers qu'elle retire, elle bénéficie sur les bestiaux qui ont acquis une valeur plus considérable. La différence dans le prix entre ces deux époques peut être évaluée à 90 francs pour une paire de bœufs; c'est un peu moins pour une paire de vaches; pour les jeunes animaux de quinze à seize mois, c'est près d'un tiers.[1] »

Il y a, en effet, un bénéfice certain à vendre le bétail de croit au commencement du printemps, à garder seulement les animaux nécessaires aux travaux et à racheter de jeunes sujets à l'entrée de l'hiver. Les agriculteurs récoltant beaucoup de fourrages font seuls cette spéculation; ils vendent cher et ils achètent bon marché, puisqu'ils vendent quand les fourrages arrivent et lorsque le bétail est recherché, et qu'ils opèrent les achats dans des conditions toutes contraires. Tels propriétaires à la tête d'une exploitation de 20 à 30 hectares n'ont que quatre têtes de bétail pendant l'été et en nourrissent quinze pendant l'hiver.

Les acquisitions les plus nombreuses et les plus importantes en bœufs de haute graisse sont faites par les bouchers de Bordeaux. Ceux-ci achètent peu dans les foires, bien qu'il y en ait quelques-unes, notamment celle de Meilhan le 15 janvier, spé-

---

[1] *Statistique bovine de Lot-et-Garonne*, page 36.

cialement destinées aux bœufs gras et où se font les achats du carnaval pour les villes voisines. Ils achètent le plus souvent dans les étables des engraisseurs, et ils ne prennent livraison des animaux qu'au fur et à mesure des besoins, de sorte que les marchés s'opèrent, quelquefois, assez longtemps avant la livraison. La plaine de la Garonne, aux environs de La Réole, Sainte-Bazeille, Meilhan, Marmande, alimente pendant toute l'année, pour une bonne part, la boucherie de Bordeaux. On y produit et on y élève aussi beaucoup d'attelages de travail. Ces attelages ne restent pas dans la contrée. Vendus à l'âge de trois à quatre ans, ils descendent la rivière, et vont principalement dans le Médoc, où ils font, jusqu'à huit ou neuf ans, les travaux des vignes et les charrois. Ces bœufs remontent alors le fleuve et reviennent chez les riverains de la Garonne qui les ont élevés et qui, finalement, les engraissent. Ils vont les acheter dans les foires de la Gironde, et souvent ils se rendent chez les propriétaires et traitent à domicile. Beaucoup de ces achats s'effectuent dans le mois d'octobre. Les engraisseurs se servent d'abord de ces animaux pour les semailles d'automne, tout en les nourrissant copieusement, puis les livrent à un repos absolu pour les vendre gras après la Noël et les renvoyer une seconde fois dans la Gironde. Ils regarnissent leurs étables immédiatement après la vente, et quelquefois même ils achètent avant d'avoir vendu.

Les localités ci-dessus désignées fournissent encore, à la boucherie de Bordeaux, des vaches et une grande quantité de veaux. Les bateaux ou le chemin de fer transportent deux fois par semaine plusieurs convois de ces derniers animaux que les bouchers sont venus acheter eux-mêmes ou que les propriétaires confient à des bateliers pour les vendre à Bordeaux. — Tonneins et Nérac fournissent encore, à cette ville, des bœufs bien engraissés. A Nérac, où se trouvent des fabriques considérables de minoterie, les propriétaires de ces usines engraissent, avec du son, dont ils ne pourraient pas se débarrasser, des bœufs qu'ils vendent en moyenne 1,000 fr. pièce.

§ III. — **Destination des bêtes exportées.** — Les foires de l'Agenais où le commerce d'exportation trouve surtout à se pourvoir sont celles de Tonneins le 22 mai, de Fauillet le 24 juin, de Villeneuve le 4 août, d'Agen, de Marmande, etc. — Les achats consistent principalement en jeunes attelages pour le travail. Des marchands étrangers y achètent des bœufs vieux non engraissés, mais refaits pour la vente. Après chaque foire un peu importante, et elles se succèdent assez rapidement, il n'est pas rare de voir, sur les grandes routes, des convois de bœufs dirigés sur Toulouse, où ils sont embarqués sur le chemin de fer pour Cette, Toulon et d'autres ports de la Méditerranée. Certains marchands achètent aussi des vaches vieilles en bon état de chair généralement, car les paysans n'aiment guère à les vendre maigres. Ces vaches sont dirigées, par nombreux convois, sur Toulouse, Béziers, Carcassonne, etc.; elles sont vendues en route aux bouchers. Les marchands ont soin de traverser le Languedoc avec ces convois dans le temps des vendanges. Les propriétaires s'associent deux, trois ou quatre, suivant l'étendue de leurs vignes, et achètent une vache qu'ils se partagent pour nourrir leurs vendangeurs. A la foire du 15 septembre à Agen, et dans les foires qui ont lieu pendant l'automne sur divers points de la vallée, on rencontre beaucoup de ces marchands de vaches. Il y a aussi des acheteurs du Périgord, du Limousin et du Quercy qui emmènent des bœufs de différents âges. Ces bœufs servent, dans ces pays, aux travaux agricoles pendant deux ans généralement; ensuite ils sont achetés par des marchands de la Vendée, où ils demeurent encore un ou deux ans; puis ils sont engraissés dans les herbages fertiles de l'Ouest, pour être dirigés sur Paris et les autres villes du Nord.

Le nombre des bœufs et vaches vendus en foire d'Agen, le 15 septembre, s'élève, en moyenne, à cinq cents paires. Il s'y vend des attelages de bœufs depuis 500 fr. jusqu'à 900 fr.; le prix des plus beaux monte jusqu'à 1,100 fr.

La réunion commerciale qui se tient également à Agen le premier lundi de juin et les cinq jours suivants est plus importante encore. Il s'y vend beaucoup de bœufs pour les boucheries du Midi, de Toulouse à Marseille. Les belles vaches de travail en état de plénitude y sont recherchées. Il s'en achète, pour la Haute-Garonne, au prix de 500 à 900 fr. la paire. On paye, en

moyenne, 250 fr. par tête les vaches achetées pour l'approvision-
nement du haut Languedoc. Les bœufs de travail, pour le Tarn-
et-Garonne et la Haute-Garonne, coûtent 800 fr. l'attelage, terme
moyen.

Dans la partie nord de l'Agenais, aux foires de Lauzun,
Tournon, Monflanquin, Castillonnès, Miramont et Marmande,
les cultivateurs du Limousin achètent des vaches pour la production. Les fruits sont ensuite vendus par les producteurs aux
éleveurs des localités que nous venons de citer. De la sorte, ces
garonnais-limousins viennent dans l'Agenais, pays plus fertile
que celui où ils sont nés, pour y être élevés et y acquérir plus de
taille et de développement. Plus tard, ils reviennent, les femelles
surtout, dans le Limousin, pour y servir, à leur tour, à la production. Cette province tire aussi des taureaux reproducteurs de
la vallée de la Garonne.

Parmi les foires les plus remarquables pour l'exportation, il
faut citer celle de Moncrabeau du 22 août, dans l'arrondissement
de Nérac. Les acheteurs s'y rendent surtout des Pyrénées, du
Périgord, de Montauban et de Toulouse. Il s'y fait de nombreuses affaires. Les attelages coûtent 750 fr. en moyenne ; ils sont
revendus, dans les localités où les marchands les importent, de
800 à 1,000 fr. On amène presque exclusivement, à cette foire,
des bœufs de la sous-race de *Nérac*. Les acheteurs les appellent,
néanmoins, *bœufs gascons*.

Les attelages de bœufs vendus aux foires dont nous venons de
parler ayant travaillé tout juste ce qu'il faut pour un dressage
convenable, préparés, en outre, pour la vente par le repos et
une bonne nourriture, sont livrés, sans transition le plus souvent, à de rudes travaux, dès qu'ils sont entre les mains des
maîtres-valets dans ces exploitations du bas Languedoc. Il
ne faut donc pas s'étonner s'ils répondent mal quelquefois, dans
le principe, à tout ce qu'on exige d'eux ; mais ils satisfont
pleinement les acquéreurs, si on sait attendre qu'ils soient ac-
climatés, et si on ménage prudemment la double transition du
travail et de la nourriture.

Tel est l'historique de l'exportation du bétail de la Garonne ;
cet historique sera complété par le paragraphe suivant. Il existe

aussi une sorte d'importation , si on peut donner ce nom aux échanges commerciaux qui viennent du Limousin. Du mois de mars au mois de décembre, on voit figurer sur les foires de petites génisses de deux ans , amenées pleines de cette province. On les reconnait à leur pelage froment foncé , à leurs cornes relevées , et surtout à leur membrure grêle. Ces vaches restent souvent petites ; elles sont, néanmoins, aptes aux travaux qui demandent plus de vitesse que de force ; elles sont recherchées par les petits propriétaires qui entrevoient un produit prochain , et qui sont, en outre, séduits par le bon marché. Les marchands en amènent de mille à douze cents chaque année. La plupart restent dans la vallée du Lot; quelques-unes vont jusqu'aux environs d'Agen.

§ IV. — **Exportation de taureaux reproducteurs.** — Époque la plus favorable pour faire l'acquisition de ces taureaux. — Il s'exporte des taureaux garonnais pour les départements de la Dordogne , de la Haute-Garonne, du Lot, de Tarn-et-Garonne et pour le Limousin. Ces achats se traitent généralement à domicile. Les taureaux sont acquis à l'âge de dix-huit à trente mois ; leur prix est de 300 fr., et quelquefois 400 fr. quand ils sont très-beaux et qu'ils ont été couronnés dans les concours. Il en est qui se sont vendus depuis 500 fr. jusqu'à 1,000 fr. Les acquisitions les plus nombreuses de ce genre ont été faites pour la Haute-Garonne. Pendant une période de douze ans , ce département a opéré des achats réguliers au moyen de fonds alloués à cet effet par le Conseil général. Cette mesure a cessé en 1848. Aujourd'hui les particuliers continuent à se pourvoir de taureaux de race garonnaise. Ils achètent généralement les taureaux primés qui finissent leur temps de monte vers le mois d'octobre, et qui sont encore assez jeunes, c'est-à-dire qui n'ont pas plus de vingt à vingt-deux mois. On nous a souvent demandé quelle serait la foire la plus opportune à Marmande ou aux environs où l'on pourrait rencontrer ou attirer par des avis de jeunes mâles de l'année destinés à la reproduction. Il ne faut pas attendre pour ces acquisitions le mois de novembre. La saison est trop avancée. Les foires les plus convenables pour cet objet se tiennent à la fin de l'été. Ce sont celles du 22 juillet et de chaque premier samedi des mois d'août et de septembre à Marmande ; du 10 août à Tonneins ; du 13 août et du 21 septembre à Fauillet ; du 14 septembre à Miramont ; du 15 septembre à Lauzun ; du 24 février, du 11 juin, du 16 août, du 28 octobre à Sainte-Bazeille.

M. Martegoutte a publié, sur l'influence de ces reproducteurs, d'intéressantes observations dont voici la substance.[1]

§ V. — **De l'influence des taureaux garonnais dans le département de la Haute-Garonne.** — 1º La pensée d'améliorer l'espèce bovine par le croisement, dans la Haute-Garonne, est due à la Société d'agriculture de Toulouse. On commença, dès 1836, à demander des reproducteurs mâles aux races *garonnaise* et *gasconne*. Avant cette époque, il y avait peu de producteurs et point de goût pour l'industrie bovine. Quelques vaches d'origine gasconne ou appartenant aux races des montagnes étaient seules livrées à la reproduction. Cet état de choses se modifie dès que les stations de reproducteurs gascons et garonnais sont établies. La beauté des étalons, choisis avec soin par des délégués de la Société d'agriculture, séduit les propriétaires, qui se procurent, dès lors, de bonnes vaches des races de l'Ariége, de Saint-Girons, de la Cerdagne, de Lourdes, gasconne et garonnaise.

2º Les vaches montagnardes de l'Ariége, à taille petite, à tempérament rustique, au pelage brun, firent mieux avec les taureaux gascons, petits, bruns, rustiques eux-mêmes, qu'avec les garonnais. Ceux-ci donnèrent des produits de plus forte taille, mais décousus quelquefois et exigeant une alimentation trop abondante. La spéculation sur la production des veaux de boucherie trouva seule de l'avantage à ce dernier croisement.

3º Les vaches de Cerdagne, originaires du sud-est des montagnes de l'Ariége, ces vaches, les plus belles de toutes celles des Pyrénées, plus grandes que les précédentes

---

[1] *Journal d'Agriculture et d'économie rurale de Toulouse*, 1847.

(elles atteignent 1^m, 32), brunes comme elles, fournirent, avec le taureau garonnais, des produits d'une harmonie parfaite, et qui se rapprochaient de la taille des pères en conservant la rusticité native de la race maternelle. Au sujet de ce croisement, M. Martegoutte relate cette particularité que les produits mâles portaient la robe rouge blond de la race garonnaise, et les génisses la robe foncée de leurs mères.

4° La race de Lourdes, croisée avec le sang garonnais, fournit des veaux très-bien conformés qui, à deux ans, atteignent 1^m, 30 en moyenne. Cette race a, sauf la taille, la plus grande analogie avec la race garonnaise : même pelage, mêmes marques, même physionomie ; c'est la race garonnaise condensée. Les vaches, excellentes laitières, n'ont pas plus de 1^m, 15 à 1^m, 25.

5° Du mélange des vaches d'origine gasconne avec des taureaux garonnais naquirent (on le voit par l'exemple de la sous-race de Nérac) des productions supérieures par la taille, par la largeur du corps, par le développement du bassin, par la largeur des jarrets. Dans ces productions apparaissent, comme le dit avec raison M. Martegoutte, les caractères qui distinguent chacune de ces deux belles races en particulier : d'un côté, une aptitude merveilleuse au travail ; de l'autre, une ample production de viande de boucherie. Mais pour retirer tous les avantages de cette alliance, il est indispensable d'opérer le croisement par les taureaux garonnais. En opérant en sens inverse, c'est-à-dire en livrant des vaches garonnaises à des taureaux gascons, on obtient des produits inférieurs sous tous les rapports.

L'enseignement à retirer de ces observations, c'est qu'on ne saurait accorder une préférence exclusive à la race garonnaise ou à la race gasconne pour améliorer le bétail de la Haute-Garonne. En important concurremment des taureaux de ces deux races, on peut approprier aux diverses localités les animaux qui conviennent le mieux.

§ VI. — **Action des taureaux garonnais dans le Limousin.** — L'introduction de reproducteurs de race garonnaise dans le Limousin paraît remonter à une époque assez éloignée, si l'on en juge par ce fait rapporté par M. le comte de Tourdonnet.[1] La vieille race limousine se retrouve seulement aujourd'hui dans quelques cantons montagneux où l'infécondité du sol condamne l'agriculture à une sorte d'immobilité ; partout ailleurs, elle a été rendue méconnaissable par le mélange ou par la substitution du sang garonnais.

Les observations de cet agronome, au sujet de l'influence de la race garonnaise dans le Limousin, se résument dans les propositions suivantes :

1° Le croisement a donné de l'ampleur et de la taille à la race indigène sans lui ôter ses caractères les plus saillants ;

2° La race garonnaise a trop d'analogie avec la race limousine, participe trop, quoiqu'à un degré moindre, de ses vices de conformation et de ses défauts, pour être présentée, et surtout exclusivement, comme un correctif ;

3° Chez les produits obtenus, la partie antérieure du corps et le dessus sont bons et laissent peu à reprendre ; mais le bassin est étroit et relevé, la croupe effilée et amincie et la queue un peu haute, irrégularités de forme nuisibles au point de vue de la gestation et de l'engraissement ;

4° L'aptitude au travail, la douceur de caractère, la docilité, la promptitude à prendre la graisse, la finesse de la chair, la facilité de l'entretien au milieu des pâturages même inférieurs, telles sont leurs qualités reconnues ; mais on leur reproche, comme défauts majeurs, la lenteur du développement ou le manque de précocité, et surtout l'absence de facultés lactifères ;

5° L'amélioration ne saurait être obtenue par l'emploi exclusif de la race garonnaise ; celle-ci devrait être considérée comme une race transitoire dans le Limousin, et servir de préparation pour la régularité des formes, afin de recourir ensuite à la race de *Salers* pour donner les qualités laitières et à la race *charolaise* pour corriger l'étroitesse de la culotte et transmettre la précocité.

[1] *Annales des Haras et de l'Agriculture, 1847*, page 455.

VII

§ 1er — Des moyens employés pour l'amélioration de la race garonnaise. — Concours. — Primes d'encouragement. — Les Sociétés agricoles et l'administration des départements de la Gironde, de Lot-et-Garonne et de Tarn-et-Garonne ont, depuis longtemps, réuni leurs efforts pour encourager l'amélioration de la race garonnaise. Des concours ont été ouverts chaque année, et des primes distribuées aux éleveurs. La Société d'agriculture d'Agen prit, en 1820, l'initiative de cette amélioration. Si on ne doit pas rattacher uniquement aux primes les succès obtenus, — les circonstances dominantes, les conditions agricoles, les débouchés ayant puissamment agi de leur côté, — il est juste de reconnaître l'influence des encouragements comme motif d'émulation, et l'action des concours comme des occasions toutes naturelles d'instruction pour les éleveurs.

Le but qu'on s'est proposé est *d'améliorer la race par elle-même* au moyen du choix des reproducteurs. Les primes sont réservées aux reproducteurs mâles dans le Lot-et-Garonne. Toutefois, dès le principe, on admit les génisses au bénéfice des concours, afin de provoquer la formation d'une souche de bonnes femelles.

Les concours pour les taureaux, peu nombreux d'abord, se sont multipliés, à mesure que les allocations ont été augmentées ;[1] ils ont lieu aujourd'hui, chaque année, dans les cantons, pendant le mois d'avril. Il y a, en outre, quatre concours d'arrondissement, où ne sont admis que les taureaux déjà primés dans les concours cantonaux, et où l'on attribue au plus méritant, une prime d'honneur de 300 fr. Les vaches mettant bas généralement après l'hiver et revenant en chaleur peu après le part, c'est le moment de leur fournir des taureaux et, par conséquent, de distribuer des primes.

---

[1] La somme destinée à être donnée en primes s'élève annuellement à environ 9.000 fr. dans le Lot-et-Garonne seulement.

Il y a quelques années, on imposa aux éleveurs la condition de ne présenter aux concours que les taureaux en leur possession depuis six mois. Antérieurement, il suffisait, pour être admis à concourir, d'être le vrai propriétaire du taureau présenté et de le prouver au moyen d'un certificat émanant du maire de la commune. La plus grande latitude était, de la sorte, laissée aux éleveurs ; ils avaient tout le temps de se procurer un bon reproducteur ; ils pouvaient (ce qui était très-avantageux, non pas seulement pour eux, mais surtout pour l'amélioration), changer, à la veille des concours, un taureau qui n'avait pas réalisé les espérances qu'il avait fait concevoir, et le remplacer par un autre plus apte à une bonne production.

Cette latitude, à laquelle on n'a pas tardé de revenir, était un grand bien. Le but à atteindre étant le perfectionnement de la race, la supériorité des taureaux est la seule condition dont on doive se préoccuper. Il importe de primer des sujets ayant des qualités, et non de s'enquérir d'où le propriétaire les a tirés, ni depuis quand il les a. En outre, on impose l'obligation de garder les taureaux primés pour la saillie pendant quatre mois, à dater du jour du concours. C'est pendant ces quatre mois que ces reproducteurs sont réellement utiles, et non pendant les six mois précédents, car les éleveurs qui préparent des taureaux pour les primes évitent, d'ordinaire, de les livrer aux vaches avant les concours, afin de les conserver en meilleur état.

A l'expiration des quatre mois, les propriétaires sont tenus de représenter les taureaux primés devant la Commission cantonale réunie de nouveau. La prime n'est payée qu'autant que le procès-verbal du nouvel examen indique que l'animal est dans de bonnes conditions ; que, pendant le temps convenu, il a été soumis à un régime convenable ; que le registre des vaches saillies a été régulièrement tenu, et que rien ne démontre que le propriétaire du taureau n'a pas reçu plus de 1 franc par vache saillie jusqu'à refus.

Ce contrôle était nécessaire. Beaucoup de propriétaires nourrissaient bien les taureaux, en les préparant aux concours, mais les négligeaient complétement, une fois la prime obtenue.

La répartition des encouragements repose donc sur les bases suivantes :

1° Un concours par circonscription cantonale ;

2° Trois primes par concours, l'une de 200 fr., l'autre de 150 fr., et la troisième de 100 fr.;

3° Quatre concours d'arrondissement ;

4° Condition de représenter les taureaux après quatre mois de service.

§ II. — Garde-étalons. — Beaucoup d'éleveurs se sont fait une industrie d'avoir constamment, chez eux, une station de taureaux étalons ; il leur arrive de livrer leurs animaux primés ou non pour une rétribution en nature : Blé, Son, Avoine, etc. C'est souvent pour eux le seul moyen d'être payés. Ces cultivateurs, qui font ainsi profession de tenir des étalons, sont connaisseurs en bétail, et ils présentent généralement, aux concours, des sujets bien choisis. La perspective des primes les détermine même à faire leurs choix avec le plus grand soin ; aussi obtiennent-ils presque toujours les encouragements ; ils semblent même en accaparer le monopole dans certains cantons. Cette circonstance diminue l'importance de quelques concours quant au nombre, mais non quant aux qualités des animaux présentés. Le nombre, alors, importe peu. Il est assez indifférent que les propriétaires de taureaux médiocres se frappent eux-mêmes d'exclusion. Il s'agit, d'ailleurs, d'apprécier le mérite absolu et non le mérite relatif des reproducteurs.

§ III. — Objections diverses. — Tout le monde reconnaît l'action des primes cantonales, pour deux motifs : 1° elles empêchent la castration des meilleurs taureaux, dont les propriétaires ne manqueraient pas de faire des bœufs, s'ils n'avaient pas la perspective d'une prime ; 2° elles fixent, pendant quelques mois, des mâles d'élite dans le canton et les mettent, conséquemment, à portée des producteurs voisins, qui perdraient immanquablement au change et souvent même n'en trouveraient pas. Mais tout le monde n'admet pas qu'il soit possible de primer deux ou trois très-bons taureaux par canton. Les reproducteurs ayant une supériorité incontestable sont rares, dit-on ; une race n'est jamais assez riche pour en fournir un nombre, fixé d'avance, sur tous les points d'une contrée déterminée. Les concours cantonaux paraissent donc irrationnels en raison de leur multiplicité seule.

On ne saurait méconnaître la portée d'une pareille objection prise dans une acception générale. Appliquée à la race garonnaise, elle perd de sa gravité. Tous les taureaux primés ne sont pas, il est vrai, également remarquables, mais les éleveurs préparent, la plupart, très-soigneusement les taureaux en vue des concours ; ils se procurent des sujets bien choisis dans les parties de la vallée de la Garonne les plus favorables à leur élevage, et cette circonstance permet de placer partout les primes sur des reproducteurs dignes de cette distinction.

Les cultivateurs, objecte-t-on encore, ne conduisent pas toujours leurs vaches aux taureaux primés. Afin d'éviter une longue course ou de payer le prix de la saillie, ils les amènent à des élèves en grange chez leurs voisins. C'est la vérité ; mais cela n'empêche point les taureaux primés de produire, de leur côté, les résultats qu'ils sont appelés à produire. Au surplus, ceux-ci ne suffiraient pas à la production, à trois par canton seulement ; mais ils suffisent à l'amélioration, car leur production peuple insensiblement le pays, et les taureaux, faisant la monte sans prime, finissent, tôt ou tard, par être des descendants des autres ou de leurs parents plus ou moins rapprochés.

§ IV. — **Age des taureaux servant à la reproduction.** — Parmi les conditions inscrites dans le programme des concours de taureaux, il en est une qui fait un devoir aux Commissions d'accorder, à mérite égal, la préférence aux plus jeunes ; aussi les animaux primés ont-ils, en général, de quinze à vingt mois seulement : c'est l'âge auquel les producteurs les préfèrent. L'expérience démontre qu'il y a avantage à choisir de jeunes mâles pour la reproduction ; ils sont plus prolifiques, plus légers pour la saillie, et, en raison, sans doute, de leur développement précoce et de leurs qualités originelles, ils transmettent sûrement les caractères de leur race. Par suite du mode vicieux qui préside à leur élevage, les taureaux acquièrent, à deux ans et au-dessus, un poids énorme ; ils écrasent les vaches, et les producteurs les repoussent comme inféconds. Les taureaux sont logés dans un coin de la grange, d'où ils ne sortent que pour la saillie ; certains propriétaires ne les font même pas sortir pour cela. Bien nourris, ne faisant pas le moindre exercice, vivant dans l'isolement, ils deviennent très-gras, lourds et méchants. Des loupes graisseuses surchargent leur cou, et leur caractère devient tellement vicieux, qu'il est souvent fort difficile de les approcher et de les conduire. Si dans ces conditions ils ne fécondent pas, s'ils écrasent les vaches, ce n'est pas uniquement sans doute en raison de leur âge ; c'est bien plutôt à cause de leur état d'embonpoint, conséquence naturelle du repos absolu auquel ils sont voués, et aussi de leur disposition à prendre la graisse jeunes. C'est là un vice d'éducation dont quelques éleveurs commencent à s'affranchir, en utilisant les taureaux dans les exploitations rurales. Voilà des exemples à suivre. Ces animaux devraient travailler comme le reste du bétail. Moins chargés de graisse, ils seraient plus prolifiques. Plus habitués au contact de l'homme, ils ne deviendraient pas méchants et dangereux, et on ne serait pas obligé de les faire bistourner à trente mois, soit pour leur caractère vicieux, soit à cause de leur poids énorme, soit pour leur infécondité. Il est quelquefois dommage de priver la race, pour l'un ou l'autre de ces motifs, de bons reproducteurs qu'on pourrait conserver longtemps peut-être, si on les faisait travailler de manière à prévenir les vices de caractère et l'obésité.

Dans un article sur les *Distributions de primes aux bêtes à cornes*,[1] M. Villeroy dit qu'en Suisse un beau taureau d'une bonne origine peut être chaque année primé, tant qu'on le juge digne de la prime. Il y aurait inconvénient à adopter le mode usité en Suisse : les taureaux primés, devenus très-lourds sous l'influence de l'âge et du repos, finiraient par ne plus faire une seule saillie ; les producteurs ne leur conduiraient pas les va-

---

[1] *Journal d'Agriculture pratique.* 2ᵉ série, tome IV, page 60.

ches. Dans l'état actuel des choses, l'administration s'exposerait à faire un usage peu profitable des primes, si elle primait le même taureau plusieurs années de suite ; aussi agit-elle sagement en fournissant à la production des sujets jeunes, comme les propriétaires les demandent, et en continuant à exclure des concours les taureaux portant plus de deux dents de remplacement.

§ V. — Principes suivis pour le choix des taureaux. — Méthode pour leur classement dans les concours. — Rien n'est si vague, a-t-on dit avec raison, que l'idée de la beauté chez les animaux ; chacun peut l'apprécier à sa manière. Dans les distributions de primes, le plus vaste champ serait laissé à l'arbitraire, si les juges n'adoptaient des règles basées sur des principes rationnels ; ces principes se déterminent en étudiant la direction qu'il convient d'imprimer à l'amélioration. C'est sur cette donnée que la *Société d'agriculture d'Agen* a établi pour ses concours un règlement basé sur les principes suivants :

Les races, même les plus homogènes, sont loin de présenter une homogénéité parfaite. Dans les sujets formant la race garonnaise, on constate aisément une inégalité toute naturelle. Beaucoup se distinguent par leur conformation plus régulière, et surtout par ce qu'on pourrait nommer leur *qualité*. Il a été reconnu que les animaux possédant ces formes et cette qualité répondaient bien aux intérêts de l'agriculture locale, aux besoins de la consommation, aux exigences des débouchés. Ce sont les sujets de cette sorte que l'on doit choisir, que l'on réserve, et dont on tire semence pour communiquer à la race les aptitudes demandées. Aux formes propres aux animaux de travail (régularité de l'ensemble, bons aplombs, rein large et droit, côte relevée, onglons solides), ils réunissent les caractères annonçant que la nutrition se fait bien (souplesse de la peau, finesse des cornes, poitrine haute, abdomen arrondi et peu développé).

Par ces choix, conformes aux principes de la physiologie, on améliore la conformation de la race sans exagérer les dispositions particulières qui distinguent les meilleures bêtes de boucherie.

On ne cherche donc pas à modifier cette race dans ce qu'elle possède d'animaux suffisamment aptes à répondre aux besoins actuels, mais seulement à généraliser le perfectionnement à l'aide des bêtes d'élite et à faire participer à l'amélioration la totalité des sujets, s'il est possible. Les circonstances rendent cette amélioration de plus en plus nécessaire. Les chemins de fer rapprochent tous les jours ce bétail des marchés, sur lesquels il entre en concurrence avec les meilleures races.

Voici le règlement qui sert de base au classement et qui contient l'indication des qualités à rechercher dans les taureaux :

1° Pureté de la race, apparence générale, taille en rapport avec l'âge ;

2° Tête courte, cornes polies, pas trop grosses, non dirigées en arrière à leur base ; peu de fanon sous la tête et au haut du cou ;

3° Dos droit, plat et large, garni de chair derrière les épaules ;

4° Poitrine non sanglée, côte relevée, flanc court et cependant le corps long ;

5° Épaule un peu oblique, avant-bras long et musculeux, jambe fine et courte au-dessous du genou ;

6° Aplombs réguliers ; jambe droite, de manière que l'animal ne s'attrappe pas en marchant ;

7° Sabots plutôt petits que grands, onglons rapprochés l'un de l'autre ;

8° Culotte bien descendue ; jarrets larges, pas trop coudés ;

9° Peau souple, couverte d'un poil doux, de couleur rouge froment ; queue fine à l'extrémité ; caractère doux ; signes lactifères : écusson large, couleur jaunâtre, et finesse de la peau sur le plat des cuisses.

Les qualités demandées chez les taureaux étant ainsi bien délimitées, on attribue à chacunes d'elles un chiffre conventionnel. — « Cette manière de voter a l'avantage d'exprimer aussi exactement que le sujet le comporte, comme l'a dit M. Magne, le mérite d'un animal. En faisant varier les chiffres qui expriment la perfection des diverses qualités et des diverses régions du corps, on peut, en outre, donner à l'amélioration d'une race la direction que réclament les besoins du pays. Ainsi, si dans un concours le jury note 8 la perfection de la poitrine, de la région dorso-lombaire, et 6 seulement ou même 4 celle de la tête, des membres, des cornes, etc., les éleveurs ne manqueront pas de conserver de préférence, pour faire des élèves, les veaux qui se distingueront par une poitrine ample, bien descendue, par une ligne dorsale bien soutenue, etc.[1] »

Cette méthode a été signalée et décrite par M. Villeroy dans le *Journal d'Agriculture pratique* ;[2] l'invention en est due à la Société agricole de Jersey. Le règlement ci-dessus a été établi sur celui de cette Société.

§ VI. — **Motifs de l'exclusion des femelles des concours.** — L'état actuel de la race garonnaise explique pourquoi les primes sont réservées aux taureaux.

Toute race que l'on cherche à rendre plus apte à remplir le but auquel les besoins de l'homme la destinent se trouve dans l'une des deux conditions suivantes : ou elle est incapable de fournir de bons reproducteurs, n'importe de quel sexe, ou bien elle est en voie d'amélioration. Dans l'un et l'autre cas, il existe, pour éclairer la poursuite du résultat désiré, des lois invariables, filles du temps et de l'expérience. Dans le premier, on exclut les mâles qui ne pourraient que perpétuer une génération défectueuse ; l'on demande des reproducteurs à une race perfectionnée, et l'on provoque la formation d'une souche de bonnes femelles en primant exclusivement ces dernières. Dans le second, la race pouvant se suffire à elle-même, pour marcher plus économiquement et plus vite, les primes sont réservées aux meilleurs reproducteurs mâles.

Tel est le cas dans la vallée de la Garonne. Il ne s'agit que de généraliser les qualités de la race par un bon choix de reproducteurs mâles.

Primer les taureaux, c'est engager les propriétaires à les garder

---

[1] *Moniteur agricole*, 1850, page 631. — [2] 2ᵉ série, tome IV, page 64.

pour la monte : car, ces animaux n'étant d'aucun rapport, les agriculteurs ne les gardent pas ; ils les font châtrer de bonne heure.

Si les taureaux ne portent aucun bénéfice, s'il y a nécessité de les primer pour en conserver quelques-uns, il n'en est pas ainsi pour les génisses. Les propriétaires ont intérêt à se les procurer avec toutes les qualités susceptibles de leur faire produire le plus possible. Les meilleures primes pour eux, ce sont les revenus qu'elles donnent. Ils ont, pour les appareiller, les lauréats des concours, sans lesquels la reproduction serait livrée un peu au hasard.

L'opportunité des primes aux taureaux n'existe pas pour les génisses. Qu'on en donne aux uns et aux autres là où les races sont dans un état de transition, rien de mieux. De cette façon se maintient plus sûrement et se fortifie la souche des mères qui commence à s'établir, en même temps que des taureaux choisis permettent de faire de bons appareillements.

En résumé,

L'état de la race garonnaise, l'existence d'une souche de bonnes femelles, l'intérêt des éleveurs à les conserver rendent inutiles les encouragements spécialement affectés aux vaches et aux génisses.

Il importe de fournir à la production des mâles qui feraient défaut sans le secours des primes cantonales, dont le montant constitue une indemnité pour les propriétaires qui élèvent et gardent ces animaux.

Ces explications répondent à ceux qui se plaignent de ce que les primes sont réservées aux taureaux. Ce n'est pas le seul reproche adressé à *l'amélioration de la race par elle-même*. Les uns demandent si le croisement du bétail de la Garonne avec la race de Durham ne serait pas un essai à tenter pour donner une direction plus rationnelle au perfectionnement. D'autres voudraient que le choix des taureaux reproducteurs eût pour base première et essentielle la méthode Guénon et que, par conséquent, la présence des signes annonçant la capacité lactifère fût la considération déterminante de ce choix. La question du croisement sera abordée dans le paragraphe suivant. Quant aux indications de la méthode Guénon, elles peuvent être observées, comme le prouve le règlement adopté pour le choix des reproducteurs, mais elles doivent venir en ligne secondaire dans ce choix, car il ne s'agit nullement, on l'a déjà vu, de diriger l'amélioration vers la production du lait.

§ VII. — **Du croisement de la race garonnaise avec la race de Durham.** — Depuis que l'idée de ce croisement a été jetée dans les esprits, bien que le public agricole s'en préoccupât fort peu, les Sociétés d'agriculture et les Comices ont dû aborder la question, et de vifs débats se sont élevés sur la convenance et l'opportunité de la mesure. Voici à peu près les termes généraux de la discussion :

Les partisans des durhams sont en minorité ; ils disent que la race garonnaise, bonne pour le travail, très-inférieure pour la production du lait, est assez propre à l'engraissement, mais qu'elle exige, pour s'engraisser, trop de temps et de dépenses.

Ils prétendent qu'à l'aide du croisement, sans nuire à l'aptitude au travail, en vue duquel elle est principalement élevée, on lui donnerait plus de propension à prendre la graisse, une grande précocité et la faculté lactifère ;[1] qu'on la rendrait ainsi plus propre à remplir le but auquel les besoins de l'homme la destinent. Ils montrent l'exemple des départements du nord, de l'ouest, etc., où ce métissage a été essayé avec un grand succès. Ils font observer qu'en supposant, malgré les assertions rassurantes de quelques expérimentateurs,[2] l'aptitude au travail susceptible d'être altérée, rien n'empêcherait d'avoir des taureaux de Durham pour faire, spécialement, des animaux de boucherie. Ils soutiennent que ces reproducteurs, d'ailleurs très-faciles à nourrir, en raison du peu de développement, — toutes conditions égales de poids et de volume, — de l'estomac et des intestins, seraient plus aptes à donner des produits supérieurs, en précocité et en aptitude à prendre la graisse, aux bœufs garon-

---

[1] *De la Race bovine courte-corne*, par M. Lefevre Sainte-Marie, page 20.
[2] Même ouvrage, page 20.

nais, dont la conformation et le service pour le travail sont parfaits, mais dont l'engraissement est long et dispendieux. Ils ajoutent que, sans contester à la race garonnaise une certaine supériorité sur d'autres races, cette supériorité relative ne l'élève pas, sous le rapport de la faculté de s'assimiler la nourriture, à la hauteur des races améliorées par le croisement ; que les métis mettraient mieux à profit une quantité. donnée d'aliments, et consommeraient moins, par conséquent, en raison de la puissance d'assimilation de leurs organes.

Ils disent, enfin, que l'agriculture, à l'exemple des autres industries, devrait s'attacher à spécialiser ; que chaque exploitation rurale, mettant à profit ce principe que les animaux ayant une aptitude bien prononcée sont seuls propres à donner de grands bénéfices, devrait élever séparément du bétail pour les travaux rustiques et du bétail pour la boucherie ; qu'ainsi les taureaux de Durham produiraient des bêtes de boucherie, laissant aux taureaux du pays la production des animaux de labour ; qu'en agissant de la sorte on élèverait des produits ayant des qualités supérieures pour chaque but particulier.

L'influence de ces idées a provoqué l'importation de quelques taureaux de Durham dans la vallée de la Garonne. Parmi les importateurs, nous citerons M. André à Saint-Selve (Gironde) ; M. d'Andraud, à Saint-André-de-Cubzac (Gironde) ; M. de la Barre (Lot-et-Garonne) ; M. Lestrade et M. Audouy, à Toulouse. Mais les adversaires de cette importation sont les plus nombreux ; ils ont répondu par le raisonnement suivant :

Les différences physiologiques existant entre la race de Durham, dont la destination première est la boucherie, et la race garonnaise, dont la destination principale est le travail agricole, rendent difficilement admissible cette promesse, que le croisement communiquerait, sans nuire à l'aptitude, au travail, plus de propension à l'engraissement et plus de précocité. Dans les limites où elles existent chez la race garonnaise, les deux facultés, celles de travailler et de s'engraisser, *s'allient dans un équilibre favorable à leur manifestation.* Le croisement romprait cet équilibre ; car la disposition à l'engraissement, qui distingue à un si haut degré la race de Durham, est la conséquence d'une organisation préparée et entretenue pour ce but depuis fort longtemps. Cette race a la peau fine, les os petits, la poitrine ronde, l'épaule dirigée verticalement, les membres antérieurs très-écartés. Ce sont là des conditions très-remarquables au point de vue de l'engrais, mais peu compatibles avec l'aptitude au travail. Aussi ce croisement amincit la peau du bétail garonnais, donne de la délicatesse au système osseux, arrondit les côtes, rend l'épaule droite et courte par conséquent, et imprime aux métis l'allure bercée qui distingue les durhams, toutes conditions à repousser chez des animaux appelés, avant tout, à creuser des sillons. Il est, en outre, impossible de communiquer au bétail plus de propension à l'engraissement et une grande précocité, *sans lui donner un tempérament plus lymphatique et, par suite, plus de délicatesse dans les systèmes organiques. Ces modifications, intéressant les profondeurs de l'organisme, ne sont pas compatibles avec l'aptitude au travail.* Qu'on songe, d'ailleurs, aux conditions climatériques qu'auraient à subir les produits ; qu'on les suppose attelés à la charrue, labourant sous un soleil ardent, exposés aux attaques des insectes que fait pulluler la chaleur de l'été, avec leur peau fine, leur tempérament délicat, leur allure bercée.

La précocité serait un héritage moins avantageux qu'on le suppose ; il faudrait la maintenir par une nourriture abondante : or, dans les contrées méridionales, on récolte la quantité de fourrages indispensable au bétail d'exploitation, rarement plus. Dans les pays qui élèvent exclusivement pour la boucherie, qui laissent leurs bœufs inoccupés, c'est différent. « Ces pays ont un « grand avantage à pousser à la précocité pour diminuer leur « prix de revient, en abrégeant le temps pendant lequel il faut « les nourrir. Il est aussi important, pour eux, de pousser à la « diminution des os au profit des parties charnues, qui, seules, « comptent à la boucherie.[1] »

Quant à la production spéciale de bêtes de labour et de bêtes de graisse, elle est peu susceptible de s'harmoniser avec la divi-

---

[1] M. DE DAMPIERRE ; *Journal d'Agriculture pratique*, mars 1851, page 248.

sion des propriétés et l'influence du climat. Dans la pratique des croisements, il est certaines influences dont on ne peut pas impunément s'affranchir. Pour qu'ils réussissent, il ne faut pas qu'il y ait lutte ni contre les habitudes reçues, ni surtout contre la nature. C'est une vérité élémentaire. Or, d'une part, l'alliance dont il s'agit serait en opposition avec les habitudes de commerce et d'élevage des agriculteurs : accoutumés au poil froment, ils seraient tout d'abord arrêtés par la robe bigarrée des durhams ; d'autre part, les conditions climatériques et agricoles dans lesquelles a été créée cette race étrangère et dans lesquelles elle réussit par le métissage ne sont pas celles de la partie de la France formant la zone méridionale. L'exemple donné par certains agriculteurs de quelques départements ne saurait donc faire disparaître toutes les appréhensions touchant le croisement durham dans l'Agenais. Il n'est pas possible d'y composer chaque cheptel de bêtes de vente destinées à la boucherie et de bêtes de travail. La propriété est trop divisée pour cela, et le fourrage récolté, malgré une culture plus étendue qu'autrefois et l'utilisation de la paille de froment, suffit tout juste au bétail entretenu pour les travaux agricoles ; les animaux de croît qu'on élève, habitués au climat, aux aliments que leur fournit un sol avec lequel ils sont indentifiés, sont plus faciles à nourrir que ne le seraient des métis plus susceptibles d'être influencés par le climat et plus exigeants pour leur nourriture.

Les Sociétés savantes du Sud-Ouest ne se défendent même pas d'une répulsion absolue pour tout croisement ; il ne faut pas s'en étonner, la majorité des éleveurs de la région ont leurs raisons pour le repousser.

Ils possèdent un bétail parfaitement adapté aux conditions agricoles de la contrée. Les terrains d'alluvion de la Garonne sont d'un labour généralement facile ; leur fertilité permet de nourrir de nombreux animaux dans les exploitations, et de demander, conséquemment, peu de travail à des attelages qui peuvent être si aisément relayés. De ces circonstances est résultée la création d'une race qui a pu revêtir, sans nul inconvénient, une conformation se rapprochant beaucoup des modèles uniquement propres à la boucherie ; elle convient donc complétement, par ses aptitudes, à sa double destination. Si elle est encore susceptible d'amélioration, on veut l'améliorer par elle-même et non par l'introduction d'un sang étranger.

On repousse, en outre, le croisement, parce qu'on raisonne dans la supposition où cette opération changerait radicalement ces conditions et ces avantages, où l'on emploirait les étalons durhams sur une grande échelle, à l'exclusion des taureaux du pays, et où l'on opérerait ainsi une véritable transformation de la race garonnaise dans le sens exclusif de la boucherie, au profit de l'industrie des engraisseurs, au détriment du travail agricole.

C'est là une erreur qui a été le point de départ des dissidences d'opinion sur la question du croisement durham.

En effet, ceux qui le préconisent dans le bassin de la Garonne et qui en font l'essai ne songent nullement à une transformation générale de la race locale ; ils veulent seulement faire servir la remarquable organisation des durhams à la fabrication d'un certain nombre de produits améliorés pour une spéculation entièrement distincte de la production générale, indépendante, pour ainsi dire, de l'exploitation culturale proprement dite, celle de l'engraissement.

Cette explication va aussi au devant d'un autre argument. On objecte contre la *production spéciale*, la pénurie relative de fourrages, ou plutôt ce fait qu'on en récolte la quantité indispensable à l'alimentation du bétail de travail, rarement plus. Cette objection est purement gratuite ; elle aurait une certaine portée, si, pour ce motif, l'engraissement était chose impossible dans la vallée de la Garonne, ou si, dans le système de la production spéciale, il s'agissait, comme on paraît le croire, de conseiller à la fois l'élevage et l'engraissement dans toutes les exploitations et d'y nourrir deux sortes d'animaux, ceux appropriés au travail et ceux appropriés à la graisse. La vérité est que l'engraissement fait l'objet d'une industrie spéciale. A ce titre, les engraisseurs, pour pousser leurs bœufs, ne comptent point sur les produits exclusifs de leurs propriétés, puisqu'ils achètent souvent les aliments farineux et toujours les tourteaux ; si donc leur industrie ne dépend pas rigoureusement du plus ou moins de ressources en fourrages, la production spéciale d'animaux exclusivement propres à l'engrais, production uniquement destinée à fournir des sujets à cette industrie, n'en doit pas dépendre davantage.

En effet, les agriculteurs qui spéculent sur la préparation des bœufs pour la boucherie ne les achètent point au hasard parmi les produits de la race garonnaise, bien que l'aptitude à l'engrais soit un caractère général de cette race ; ils choisissent, au contraire, avec soin les sujets qui leur paraissent les plus aptes à fournir le plus de profit avec une quantité donnée de nourriture. Cela étant, l'intérêt bien entendu des engraisseurs leur ferait une obligation de prendre aussi bien leurs sujets à côté de la race garonnaise, s'ils devaient y trouver un bénéfice. Rien ne s'opposerait donc à ce qu'il se fit une production spéciale pour une industrie spéciale, et, comme l'a dit avec raison M. Yvart, cela sera nécessaire « dans le cas où la viande serait assez chère à Bordeaux et dans quelques grandes villes du Midi pour que les cultivateurs eussent intérêt à élever des bœufs précoces au moyen de races faites particulièrement pour la boucherie. Si la viande de bœuf devient très-recherchée dans le Midi de la France, il n'est pas douteux qu'une industrie semblable à celle qui existe pour les vaches laitières ne s'y introduise, et qu'à côté des bœufs élevés pour le travail, on ne nourrisse des bœufs exclusivement destinés à la boucherie appartenant à des races véritablement précoces, obtenues par des taureaux de Durham ou par des taureaux de types analogues.[1] »

Puisqu'il y a une quantité quelconque de nourriture consacrée à la fabrication de la viande dans la vallée de la Garonne, il est acquis à la science que cette quantité donnerait plus de profits aux engraisseurs, si elle était employée sur les métis durhams. Si les spéculateurs faisaient une fois l'épreuve de leur aptitude à se nourrir, sans nul doute leurs achats se porteraient de préférence sur ces élèves, et ils encourageraient ainsi les producteurs à leur en fournir. On ferait des bœufs, comme on fait

---

[1] *Rapport à la Société impériale et centrale d'agriculture, sur le concours de 1852,* par M. YVART.

des porcs, uniquement pour l'engrais. A ce point de vue, et la question débarrassée des malentendus et des préventions qui l'obscurcissent et la dénaturent, le croisement durham pourrait convenir sur beaucoup de points, du moment que, employé dans des limites bien définies, il n'influerait en rien sur les conditions économiques d'existence des races indigènes, si celles-ci étaient bonnes et bien appropriées au pays. Pour le cas spécial qui nous occupe, il n'est pas douteux que la race garonnaise étant déjà très-propre à l'engraissement, le durham ne communiquât aux produits du croisement des modifications rapides et fructueuses, si on en juge par les premiers résultats obtenus.

Ainsi la production des veaux de boucherie a trouvé déjà de l'avantage à recourir au croisement. Le taureau durham a été utilisé dans les exploitations où l'on spécule particulièrement sur les jeunes élèves pour la boucherie. Les veaux, vendus à l'âge de cinq à six semaines, pesant le double des produits ordinaires, rendent cette industrie plus productive. Ce fait a été constaté, dans la Gironde [1] et dans le Lot-et-Garonne, chez M. de la Barre.

Nous avons vu, dans les belles étables de M. de la Barre, plu-sieurs métis de durham d'un à deux ans. Ces métis présentent les différences suivantes avec les bêtes garonnaises du même âge : le rein est plus droit, le cou plus fin, la côte plus ronde, non sanglée en arrière des épaules ; la croupe est large, quoique déjà, il est vrai, la largeur du bassin soit un des bons caractères de la race indigène ; le poitrail est plus large aussi ; l'écartement des cuisses est remarquable, ainsi que la finesse de la tête. La robe est changée ; elle présente un poil roux froment foncé avec quelques taches blanches, couleur du père. La rosette du tour des yeux et du mufle, qui existe dans la race garonnaise, ne se montre point chez les métis.

Ces modifications dans la conformation annoncent un grand pas fait vers la forme la plus propre à l'engraissement.

On comprend donc le croisement, dans les limites de la pro-duction de bêtes de boucherie, soit pour la consommation immé-

---

[1] *Mémoire sur les races bovines de la Gironde*, par M. DUPONT, page 66.

diate, soit pour les engraisser plus tard et les abattre à trois ou quatre ans.

Si on admettait l'opportunité de l'emploi des durhams pour la production spéciale d'animaux de boucherie, ce serait à la condition d'employer constamment des taureaux de pur sang, que fourniraient les vacheries de l'État par l'intermédiaire des Sociétés agricoles, et de ne pas se servir des métis pour la reproduction.

Cela se conçoit, parce que le but n'est pas de transformer la race garonnaise ni d'en créer une à côté d'elle. On ne doit donc pas compter sur une longue suite de générations pour fixer les caractères des durhams sur la race indigène, puisque tous les métis sont produits en vue de l'industrie de l'engraissement et d'une consommation prochaine.

VIII

§ Ier. — État sanitaire du bétail dans la vallée de la Garonne. — L'observation des maladies enzootiques et sporadiques, l'étude de la manière dont elles se montrent sur l'espèce bovine, donnent la certitude que l'état sanitaire du bétail est satisfaisant. Les souvenirs des vétérinaires qui ont vieilli dans la pratique de leur profession permettent d'établir qu'il est meilleur que par le passé, et cet état de choses doit, sans doute, être attribué :

1° *Aux perfectionnements agricoles*, dont le premier effet est de donner plus d'importance aux animaux domestiques, qui, naturellement, reçoivent alors des soins mieux entendus ;

2° *A l'amélioration des chemins vicinaux*, qui, en faisant disparaître les obstacles incessants des parcours, a diminué le nombre et la gravité des accidents et des maladies de toute nature contractées par les animaux à la suite de violences de la part de leurs conducteurs, ou d'efforts désordonnés pour vaincre les difficultés des passages ;

3° *Aux progrès de la civilisation*, qui, en modifiant les

mœurs des habitants des campagnes, ont changé leurs habitudes, trop souvent brutales, dans la manière de conduire le bétail ;

4° *A l'intérêt*, qui a porté l'agriculteur à bien soigner ses bêtes, parce que plus leur état est satisfaisant, et mieux il en tire profit, soit pour le travail, soit pour la vente ;

5° *A la division des propriétés*, qui a permis de mieux travailler les terres, de faire plus de fourrages et de mieux nourrir les animaux dans toutes les saisons de l'année.

On peut avancer, en thèse générale, que, dans la vallée de la Garonne, chaque exploitation récolte deux tiers de plus de fourrages de toute espèce qu'il y a vingt ans. Un fait non moins certain à constater, c'est la distribution, en général plus intelligente, d'une bonne nourriture, c'est la précaution d'alterner les aliments ; aussi observe-t-on moins d'indigestions tenaces, moins d'affections inflammatoires graves des estomacs et de l'intestin. Ces maladies étaient, au contraire, très-fréquentes au temps où l'on ne donnait aux bestiaux, pendant l'hiver, que de la paille. Sous l'influence de ce régime, il n'était pas rare de voir la constipation durer, chez certains animaux, de quinze à vingt-cinq jours.

En outre, nous avons dit que le bouvier ménage beaucoup son bétail. Dans une contrée qui élève, les agriculteurs ont toujours, en général, plus de bétail qu'il n'en faut ; aussi le font-ils travailler avec modération. Dans la contrée qui consomme, au contraire, on n'a que le nombre absolument nécessaire à l'exploitation ; le travail est plus considérable, par conséquent plus pénible et plus fécond en accidents et en maladies.

Grâce à toutes ces circonstances et aussi, sans doute, aux conditions climatériques du pays, depuis le desséchement de plusieurs marais de la vallée de la Garonne, les pertes annuelles en bétail sont peu considérables. Il meurt, année moyenne, un bœuf sur trois cents, tandis que la mortalité des chevaux est de 7 pour 100 chaque année. La cause de cette différence doit être, évidemment, rattachée aux conditions d'existence du gros bétail et des chevaux ; ceux-ci, travaillant toute leur vie, sont sujets à plus d'accidents et de maladies, en raison de la rapidité de leurs allures et de leur tempérament plus irritable. Les premiers sont généralement livrés à la boucherie avant d'avoir atteint l'âge où les maux de toute espèce font des victimes.

§ II. — **Pratiques d'hygiène.** — Nous avons dit avec quel soin les agriculteurs font le pansage du bétail et quels instruments ils emploient pour cela. A part ce pansage intelligent, dont l'influence sur la santé des animaux est si efficace, la *saignée du printemps* constitue la seule pratique vraiment hygiénique. L'emploi du sel n'entre point dans les habitudes agricoles. On donne cette substance aux animaux dans les cas seulement où elle est conseillée comme médicament.

Les bouviers couvrent en toute saison le bétail d'un grossier caparaçon de toile blanche. Cette couverture lasse le poil et empêche la pluie de frapper directement la peau ; elle sert aussi de préservatif contre les insectes, de même qu'une espèce de filet à glands nommé *chasse-mouche*, que les animaux portent l'été, et recouvrant le front, les yeux, le chanfrein, jusqu'au bout du mufle.

Quant au camail d'osier revêtu d'une toison blanche, que l'on place sur le cou des attelages pour les conduire aux foires, il paraît être un pur objet d'ornement.

§ III. — **Saignée du printemps.** — La pratique de la saignée est, d'après la plupart des bouviers, une mesure de précaution indispensable pour le bétail au commencement du printemps. D'un autre côté, certaines personnes pensent que c'est un usage réprouvé par la science, et qu'il est suffisamment condamné par cela seul qu'on l'emploie sur tous les animaux d'une grange sans discernement et sans choix. A vrai dire, il ne paraît guère possible qu'une coutume profondément enracinée comme celle-là dans la croyance populaire n'ait pas un fondement plus ou moins vrai. La saignée du printemps a son origine.

Avant l'ère de progrès qui a heureusement modifié l'agriculture nationale, les prairies artificielles étant inconnues, le peu de foin dont on faisait provision était vite absorbé dans les premières semaines de la mauvaise saison. Il restait au bétail, pour traverser l'hiver, de la paille seulement ; encore fallait-il souvent, peut-être, la distribuer avec économie. Qu'on juge de l'état de maigreur et d'appauvrissement organique dans lequel devaient tomber les animaux sous l'influence d'une pareille alimentation.

Au retour du printemps, alors que la végétation nouvelle mettait à la disposition des cultivateurs d'abondantes coupes d'orge et de seigle en vert, le bétail passait brusquement, sans transition, d'un régime alimentaire insuffisant à une nourriture excitante et copieusement distribuée. A l'extrême maigreur succédait rapidement l'état pléthorique. De là une grande prédisposition aux inflammations, aux coups de sang, à des maladies souvent mortelles. Pour éviter ces accidents, la saignée de précaution fut naturellement imaginée. On saigna *pour les maladies à venir*, comme le dit plaisamment Molière. Ce moyen préventif était employé d'autant plus qu'alors on avait moins de ressources pour combattre les maladies déclarées des animaux domestiques.

Voilà, selon toute probabilité, comment est née l'habitude de la saignée du printemps ; la tradition l'a conservée, et elle est toujours en vigueur, quoique les circonstances dont elle émane aient bien changé.

Depuis l'introduction des prairies artificielles, les ressources alimentaires dont on peut disposer, permettant de mettre plus d'uniformité dans la nourriture de l'hiver et de l'été, ont fait disparaitre ces contrastes frappants dans l'embonpoint et ont supprimé ces transitions brusques si funestes au bétail. La venue des fourrages verts exerce donc, aujourd'hui, une influence infiniment moins sensible sur un cheptel constamment bien entretenu que sur ces animaux affaiblis par les privations d'autrefois. La saignée du printemps est donc loin d'avoir la même opportunité d'application.

Toutefois, dans les exploitations où l'agriculture, en raison de circonstances particulières, dépendant soit de l'incurie du maître, soit de la nature du sol, est arriérée et pauvre, où les fourrages manquent, où la paille forme à peu près la seule nourriture du bétail pendant l'hiver, dans ces exploitations la saignée retrouve son utilité.

En outre, même dans les domaines où l'agriculture progresse et où les ressources sont abondantes, autant la saignée pratiquée d'une manière générale sur tous les animaux de la grange serait condamnable, autant cette pratique est rationnelle si on agit avec discernement et si on choisit les sujets.

Certains éleveurs reconnaissent parfaitement sur un groupe d'animaux donné, ceux chez lesquels l'opération dont il s'agit est indiquée. Ils saignent ceux qui font lentement et irrégulièrement la mue ; ceux qui ont des démangeaisons à la peau ou de petites tumeurs qui s'ouvrent et laissent couler du sang ; ceux qui ont des rougeurs sur le plat des cuisses ; ceux qui ont les yeux injectés, la corne chaude, les veines fortes, etc.

En résumé, l'habitude de la saignée du printemps a son origine dans une agriculture arriérée et pauvre en fourrages.

Il est utile de la pratiquer là où les animaux mal nourris pendant tout l'hiver, devenus très-maigres par suite des privations, se refont très-vite sous l'influence des fourrages nouveaux.

Dans les propriétés où l'on possède les moyens de bien nourrir pendant tout l'hiver, l'alimentation étant uniforme, le passage des fourrages secs au régime du vert étant insensible, la saignée cesse d'être généralement utile.

Elle est exceptionnellement nécessaire, en toute saison, pour les sujets pléthoriques et, spécialement au printemps, pour les animaux affectés de démangeaisons, d'érysipèle, d'échauboulures, ou chez lesquels la mue du poil s'effectue mal.

§ IV. — **Maladies enzootiques et sporadiques les plus communes parmi le bétail garonnais.** — L'histoire des épizooties trouve à peine à glaner dans le bassin de la Garonne, et depuis 1774, époque où la peste bovine ravagea la Gascogne.

ce bassin n'a pas été affligé par l'apparition d'aucun de ces fléaux. Quelques affections enzootiques apparaissent à de rares intervalles ; mais rarement le mal sévit avec assez de gravité pour nécessiter de grandes mesures administratives et pour occasionner des pertes considérables. Ainsi, dans ces dernières années, deux maladies, surtout, ont régné sur les bestiaux : la *stomatite aphtheuse* et le *charbon*.

La première, connue des agriculteurs sous le nom de *cocotte*, de *grippe*, s'est montrée en 1846 et 1847 ; elle a sévi en 1864, pendant quelques mois , sur les animaux à grosses cornes, sur quelques individus des espèces ovine et porcine, et, grâce à son innocuité et à une médication simple, elle a disparu sans faire de victimes.

Tous les ans, soit au printemps, soit à l'automne, le charbon fait quelques victimes, tantôt dans un lieu, tantôt dans un autre ; les sujets qui en sont atteints, les plus gras ordinairement, ne vivent pas plus de douze à vingt-quatre heures. Des tumeurs de nature gangréneuse se développent particulièrement aux épaules, sur les côtes et au poitrail.

Des tentatives infructueuses ont, jusqu'ici, démontré l'inutilité de toute espèce de traitement curatif contre la maladie dont il s'agit. Les causes du charbon sont également à découvrir ; on les recherche dans la mauvaise disposition des étables, dans le défaut d'aération, dans l'accumulation des animaux sur un étroit espace, dans les fourrages avariés, dans les émanations paludéennes, etc.

En 1850, la péripneumonie épizootique sévissait dans plusieurs départements méridionaux. Du département du Cantal, où cette maladie exerçait surtout ses ravages et où M. Yvart eut mission de l'étudier, elle s'était propagée dans l'Ardèche, l'Aveyron, le Lot, le Tarn, le Gers et une partie de la Haute-Garonne ; mais elle n'est pas descendue au-dessous de Toulouse ; depuis, cette ville a été à l'abri de ses atteintes.

Les maladies sporadiques les plus communes sont, parmi les plus graves, dans l'ordre de leur fréquence, la phthisie pulmonaire, l'ostéosarcome à la mâchoire, la paralysie lombaire. Parmi les moins graves, ou observe l'indigestion, l'arrêt de transpiration l'ophthalmie, la fièvre angioténique, le renversement de l'utérus, la gastro-entérite, la diarrhée.

Les affections, divisées, dans la précédente énumération, d'après leur degré de gravité, pourraient, celles de la seconde catégorie du moins, être classées suivant les saisons. Ainsi l'abondance des fourrages *au printemps* et le peu de discernement qu'apportent généralement les bouviers à le distribuer au bétail rendent l'*indigestion* fréquente dans cette saison. Toutefois cette affection est produite moins peut-être par la quantité des aliments que par leur qualité, ou par des circonstances accidentelles pouvant troubler les fonctions digestives, telles que des repas trop hâtés. Ordinairement facile à guérir, l'indigestion peut revêtir un caractère sérieux, si elle se complique de l'inflammation de l'estomac et de l'intestin.

Au printemps, on remarque encore l'*arrêt de transpiration*, fréquent lors des vicissitudes atmosphériques, quand les travaux sont pressants, quand la mue s'effectue ; et l'état pléthorique, qui dispose à la *fièvre angioténique*, etc.

En *été*, on observe l'*ophthalmie*, la *fourbure*, qui paraît être devenue plus fréquente depuis que le pays est sillonné de routes macadamisées ; la *diarrhée*, probablement occasionnée par les boissons froides ; la *dyssenterie des veaux*, qui fait d'assez nombreuses victimes, et qui est due le plus souvent à ce que les bouviers laissent les petits animaux téter leurs mères, celles-ci arrivant du labour ou du charroi tout en sueur.

Les changements brusques de température en *automne* amènent, comme au printemps, l'arrêt de transpiration qui se manifeste tantôt par le catarrhe nasal, tantôt par le rhumatisme articulaire ou par des affections de poitrine.

Enfin, en *hiver*, ce sont les indigestions causées par la nourriture sèche, la paille, le chaume ou des fourrages avariés. Les indigestions de cette saison sont plus graves, plus tenaces que celles du printemps, en ce sens qu'elles proviennent, le plus ordinairement, d'une mauvaise alimentation longtemps continuée ; aussi n'est-il pas rare de voir les diverses maladies revêtir, en hiver, des caractères insidieux. Cela ne tiendrait-il pas encore au moins d'activité des fonctions de la peau, à la longueur du poil? Et ne pourrait-on pas tirer de cette circonstance une donnée thérapeutique importante, consistant à rétablir les fonctions actives de l'enveloppe cutanée par des frictions sèches, par des sudorifiques, par des bains de vapeur et, mieux que tout cela, par le tondage?

Une affection particulière au bétail dans la vallée de la Garonne, sur les points où l'on cultive le tabac, est l'intoxication des animaux auxquels, par mégarde, on a laissé manger des feuilles de cette plante préparées pour être conservées ; on les met imprudemment à sécher dans les granges, au-dessus du bétail et autour de la ferme. Les ruminants sont très-friands de ces feuilles, dont une bouchée peut suffire pour les empoisonner. Les feuilles tout-à-fait vertes sont inoffensives. L'eau de végétation ou d'autres substances inactives tempèrent ou annulent, sans doute, par leur mélange, les propriétés délétères de la nicotine.

Sous l'influence de cet empoisonnement, les animaux éprouvent des tremblements généraux et des contractions musculaires de plus en plus prononcées : la sensibilité générale s'émousse, la marche est paresseuse et vaccillante ; une complète immobilité et la somnolence précèdent la mort.

Comme antidote, on emploie soit le vinaigre étendu d'eau, soit les tisanes mucilagineuses, la saignée, les sinapismes, le café. Dans un Mémoire publié récemment par le *Journal des Vétérinaires du Midi*, M. Lanusse conseille d'administrer aux bêtes empoisonnées, toutes les heures, et alternativement, un litre d'infusion de café, et de décoction concentrée d'écorce de chêne.

La *phthisie pulmonaire* ou *pommelière* est connue des cultivateurs sous le nom de *toux*. Si l'on en croit certains bouchers, elle serait plus fréquente qu'autrefois ; ils attribuent cette circonstance au plâtrage des prairies artificielles.

C'est, parmi les vices rédhibitoires, celui qui occasionne le plus de contestations ; c'est aussi celui dont il est le plus difficile de préciser l'existence, surtout au début. Les agriculteurs sont toujours disposés à considérer comme atteint de pommelière le premier bœuf qui tousse. Les actions en rédhibition sont, de cette façon, beaucoup plus fréquentes qu'elles ne devraient l'être; car, aux termes du discours du ministre qui soutint la discussion de la loi du 20 mai 1838, la maladie ne pouvait être reconnue sans conteste et ne devait entraîner la rédhibition sans être très-avancée, au point même d'amener la mort dans un court délai. Les vétérinaires devraient donc, ce nous semble, être très-réservés pour conseiller à leurs clients d'intenter l'action rédhibitoire. Leur rôle comme experts serait plus facile, ayant à constater seulement des cas non susceptibles de ces dissidences d'opinion exploitées par la malveillance, et le commerce du bétail s'affranchirait d'une entrave considérable.

Le *renversement de l'utérus*, après la mise bas, résulte, le plus souvent, de l'incurie des propriétaires. Ils laissent trop vite seuls les vaches venant de se délivrer, et les font manger trop copieusement ; celles-ci se dressent sur le marche-pied pour prendre la nourriture, et se couchent sur un terrain ordinairement en pente. Les ouvertures génitales, relâchées par la sortie du fœtus, livrent passage à la matrice, surtout quand l'expulsion de l'arrière-faix nécessite quelques efforts. La masse alimentaire contenue dans les estomacs sert de point d'appui à ces efforts, et, repoussant l'utérus en arrière, prépare la chute de cet organe. Pour la prévenir, il faudrait tenir les bêtes dans une position un peu relevée du derrière, ne pas les laisser coucher quand les efforts expulsifs sont trop violents, et ne pas donner d'aliments solides avant la sortie du délivre. Ces précautions ne coûteraient rien aux éleveurs, puisqu'ils savent parfaitement les employer avec succès quand ils ont des bêtes atteintes de chute du vagin, et conséquemment plus disposées au renversement de l'utérus.

RÉSUMÉ GÉNÉRAL.

1° La race *garonnaise* habite la partie des anciennes provinces de la Guienne et de l'Agenais traversée par la Garonne; elle s'étend dans quatre départements : le Tarn-et-Garonne , le Lot-et-Garonne, la Gironde et la Dordogne.

2° Elle paraît être originaire du bassin de la *Garonne*, et constitue une race *unique*, malgré les différences individuelles de taille et de forme. Ses types les plus purs sont élevés dans l'arrondissement de Marmande.

3° La couleur *rouge froment* est le caractère de sa robe ; la taille varie entre 1^m,45 et 1^m,72 ; le poids moyen est de 60 kil. pour les veaux , 300 kilogr. pour les vaches , 900 kilogr. pour les bœufs gras.

4° La race *garonnaise* a pour qualités la douceur du caractère, la finesse de la peau , le peu de développement du fanon au haut du cou , la longueur du corps, la largeur du bassin, des jarrets, de l'avant-bras.

Poitrine sanglée , rein ensellé , cornes basses , tels sont ses défauts.

5° Cette race sert au travail et est propre à l'engraissement. L'aptitude à donner du lait est négative. Le labeur agricole s'effectue surtout par les vaches , qui produisent en même temps , et sont susceptibles de faire une bonne fin à la boucherie. Les bœufs sont, en partie, élevés pour l'exportation.

6° On ne possède pas de renseignements précis sur l'état primitif du type originel dans le pays. On peut penser , toutefois, que ce type s'est amélioré.

7° *Le peu d'aptitude du cheval du Midi à l'agriculture*, la division des propriétés, le régime du métayage , la facilité des débouchés sont les circonstances qui paraissent s'être combinées favorablement pour la production de la race garonnaise.

8° Ces conditions se résument ainsi : famille homogène et nombreuse de bonnes vaches mères fixées entre les mains des producteurs, choix persévérant des taureaux étalons, débouchés étendus, encouragements donnés par les comices aux cultures fourragères, soins donnés aux élèves, aménagement judicieux des ressources alimentaires.

9° Le choix des taureaux étalons a lieu au printemps dans les concours cantonaux. Les primes accordées à leurs propriétaires ont pour résultat de faire consacrer ces étalons à la reproduction pendant quelques mois. Dans le but de généraliser le perfectionnement à l'aide des bêtes d'élite, on choisit les reproducteurs n'ayant pas les défauts reprochés à la race, et possédant les formes et la *qualité* réclamées par les intérêts de l'agriculture, les besoins de la consommation, les exigences des débouchés.

10° L'amélioration de la race a donc lieu par elle-même. Autant le croisement durham aurait d'inconvénients et apporterait de perturbation aux conditions actuelles d'existence, de commerce et d'élevage, si on en faisait un emploi général, en excluant les taureaux indigènes, et si on se proposait une transformation de la race, autant ce croisement, qui a déjà été essayé avec succès sur une petite échelle, est avantageux si on l'applique, dans des limites bien définies, pour la fabrication spéciale d'animaux de boucherie.

11° L'engraissement est l'objet d'une spéculation assez étendue dans la vallée de la Garonne. L'aptitude à l'engraissement de la race garonnaise est constatée par les observateurs qui ont parlé de cette race. Sa précocité n'est pas suffisante pour procurer des bénéfices ; aussi, d'ordinaire, les bœufs sont livrés à l'engraissement à sept ou huit ans. Ils atteignent le poids de 1,200 kilog. Leur suif est doré, et le grain de leur chair a de la finesse. L'engrais se fait à l'étable ; les farineux et les tourteaux de lin forment la base de la nourriture.

12° La production de la race garonnaise excédant les besoins locaux, cette race fournit à l'exportation des bœufs d'attelage, des veaux et des bœufs de boucherie, des taureaux reproducteurs, des vaches grasses et des vaches portières. Les débouchés ont lieu par les foires ; seulement, pour les taureaux et les belles vaches portières, les achats se traitent souvent à domicile. Il se fait également un commerce d'intérieur très-actif ; la plupart des granges renouvellent, dans l'année, une partie de leur cheptel.

13° L'état sanitaire de la race bovine garonnaise est satisfaisant. Les perfectionnements agricoles, le bon état des voies rurales, l'augmentation du bien-être général, le débouché facile du bétail, les soins qu'on lui donne fournissent la raison de ce fait.

14° Les maladies les plus ordinaires sont le charbon, l'indigestion, l'arrêt de transpiration, la fourbure, la diarrhée, les accidents toxiques occasionnés par les feuilles sèches de tabac, la pommelière, le renversement de l'utérus.

AGEN — IMPRIMERIE DE P NOUBEL

<h1 style="text-align:center">TABLE DES MATIÈRES.</h1>